ATLAS
der phantastischen
PFLANZEN

★★★★★

Sind Sie mit diesem Titel zufrieden? Dann würden wir uns über Ihre Weiterempfehlung freuen. Erzählen Sie es im Freundeskreis, berichten Sie Ihrem Buchhändler oder bewerten Sie bei Onlinekauf. Und wenn Sie Kritik, Korrekturen, Aktualisierungen haben, freuen wir uns über Ihre Nachricht an:

Frederking & Thaler Verlag, Postfach 40 02 09, D-80702 München oder per E-Mail an lektorat@verlagshaus.de.

Unser komplettes Programm finden Sie unter www.frederking-thaler.de

Verantwortlich: Susanne Caesar

Übersetzung aus dem Französischen & Satz: Annika Genning, Text-Genuss

Redaktion: Franziska Sorgenfrei

Korrektur: Susanne Langer-Joffroy

Umschlaggestaltung: Christa Thieser

Gesamtherstellung Verlagshaus GeraNova Bruckmann GmbH

Die Deutsche Nationalbibliothek verzeichnet diese Publikation in der Deutschen Nationalbibliografie; detaillierte bibliografische Daten sind im Internet über http://dnb.d-nb.de abrufbar.

Die Originalausgabe mit dem Titel *Atlas de Botanique poétique* wurde erstmals 2016 im Verlag Flammarion, Paris, veröffentlicht. Konzeption und grafische Umsetzung: Karin Doering-Froeger.

ISBN 978-3-95416-293-2

ATLAS
der phantastischen
PFLANZEN

FRANCIS HALLÉ

Mit

ÉLIANE PATRIARCA

FREDERKING & THALER

INHALT

IN DIESEM BUCH STELLE ICH Ihnen eine Auswahl an außergewöhnlichen Pflanzen vor, deren Wege sich mit meinen während meiner Pflanzenforschung in feuchttropischen und tropischen Wäldern kreuzten. Diese Pflanzen haben etwas Fremdartiges an sich, sie besitzen eine bizarre Ästhetik, sind überraschend witzig, oder es umfängt sie eine Aura wie eine Wolke aus Bienen, die eine Honigwabe umschwirrt, oder wie die Gischt, die eine Reling in feinen Nebel hüllt.

Die Wälder am Äquatorgürtel bestehen, so weit das Auge reicht, aus riesigen, urtümlichen Bäumen. Sie entbehren zweifellos nicht einer gewissen Poesie, sind aber eher ernst als unterhaltsam. Vielleicht darf ich die Aufmerksamkeit meines Leserpublikums nicht zu stark auf eben diese Regenwälder lenken und auf die Notwendigkeit hinweisen, dass das Bisschen, das noch von diesem Erbe der Menschheit bleibt, unbedingt zu schützen ist. Eine wunderbare Quelle für Forschung und Erneuerung, voller Andersartigkeit und Schönheit. Ich werde an dieser Stelle nicht die tragische tropische Entwaldung diskutieren, sondern mich mit einem Zitat von Jane Goodall begnügen. Die große britische Primatologin verschrieb ihr Leben der Schimpansenforschung in den Wäldern Afrikas: »Warum sprechen wir von Vandalismus, wenn ein Meisterwerk der Menschheit zerstört wird, wenn jedoch Meisterwerke der Natur zerstört werden, verstecken sich die Verantwortlichen häufig hinter den Wörtern ›Fortschritt‹ oder ›Entwicklung‹?« (*Seeds of Hope*, New York, 2014).

Mit diesem Buch möchte ich zeigen, dass der Regenwald nicht die »grüne Hölle« ist, als die er von Eroberern der Kolonialzeit und Abenteurern allzu häufig gesehen wurde. Ganz im Gegenteil, er ist ein nahezu magisches Universum. Das Magische wird auf angenehme Weise intensiviert, wo man mit Wohlwollen die kleinen Wunder betrachtet, die sich dem gelegentlichen Besucher fast bei jedem Schritt eröffnen. Dieser wird dort reichlich Abwechslung finden und dadurch auch die Befriedigung seiner ästhetischen, eskapistischen und poetischen Bedürfnisse.

Diejenigen, die eine Leidenschaft für Biologie hegen, werden das Leben nie als rein angenehme Angelegenheit empfinden. Es entfacht sich stattdessen ein wahres Feuerwerk an aufregenden Fragestellungen. Nehmen wir Charles Darwin, der mit 22 Jahren als junger Cambridge-Absolvent den Wald in Brasilien entdeckte: »Niemals erlebte ich solch intensive Wonnen. Das ist ein noch zu schwaches Wort, um die Gefühle eines Naturforschers auszudrücken, der zum ersten Mal den brasilianischen Wald erkundet ... Gott, hilf mir! Es gibt weder Hilfsmittel noch Hoffnung, eine solch empfundene Freude noch zu vertiefen.«
Das Pflanzenreich ist schlechter erforscht als das Tierreich. Als Botaniker habe ich zeichnerisch versucht, Pflanzen mal verblüffend geheimnisvoll und manchmal witzig darzustellen. Tiere, die häufig Grundlage der Magie von Wäldern sind, nehmen hier nur einen winzig kleinen Platz ein; und offen gesagt ist die Unterscheidung zwischen Pflanze und Tier im tropischen Regenwald ziemlich überholt, wo die fruchtbarsten Varianten aus dem Zusammenspiel beider erwachsen.
Mir wird häufig folgende Frage gestellt: Warum ziehen Sie die Zeichnung der Fotografie vor, wo letztere heutzutage doch so einfach umzusetzen ist? Die Antwort hat mit der tiefgehenden Arbeit eines Botanikers zu tun. Wir treffen auf Pflanzentypen, deren maßgebliche Eigenschaft in meinen Augen ihre absolute Andersartigkeit zu uns Menschen ist. So, als besuchten wir einen weit entfernten Planeten, wo wir außerirdisches Leben antreffen, dessen Sprache wir nicht sprechen. Man beruft sich dort auf andere Regeln als unsere. Wer das zu verstehen versucht, dem kommt es gelegen, wenn er genügend Zeit zur Hand hat. Das ist also ein erstes Argument für die Zeichnung: Die Zeit hat hier einen ganz anderen Wert.
Der Fotograf nimmt einen flüchtigen Moment auf und muss sich dafür mit einer begrenzten Information zufriedengeben. Während eine Zeichnung entsteht, entfaltet sich auch ein Dialog mit der Pflanze. Die Bedenkzeit ist durchaus vonnöten, denn man sieht sich schließlich einem Alien gegenüber! In eine Zeichnung fließen menschliche Gedanken: Die

Auseinandersetzung mit dem Motiv ist erforderlich. Bildet sich eine Frage bei der Beobachtung des Aliens, so möchte ich unsere Unterredung lange hinauszögern, damit diese Frage Zeit genug hat, um an die Oberfläche zu kommen.
Ein Werk aus menschlichen Gedanken? Das scheint mir ein zweiter Grund für den Vorzug der Zeichnung zu sein. Selbstredend entstammen beide Werke aus Menschenhand, doch beim Foto beeinflusst die Bauweise des Fotoapparats mehr als der Wille des Fotografen das Ergebnis. Die Qualität des Fotomaterials ist gleichermaßen entscheidend. Eine Zeichnung hingegen, die als Gerätschaft nur Hirn und Hand des Zeichners erfordert, ist direkter und unmissverständlich das Werk des Autors.
Aus diesem Grund erwecken Pflanzenzeichnungen häufig eine besondere Gefühlsregung beim Betrachter. Dies ist der dritte Vorzug gegenüber dem Foto: Man sehe sich nur mal *Das große Rasenstück* von Dürer oder *Primavera* von Botticelli an, die Herbarien von Aldrovandi und Mutis, *Les Roses* von Redouté oder, näher an unseren Gefilden, den *Herbier alpin, herbier divin* von Hainard, die *Flore forestière française*, illustriert von Mansion, die *Illustrierte Morphologie der Blütenpflanzen* von Adrien D. Bell mit Zeichnungen von Alan Bryan oder die *Monographie de la flore vasculaire de l'archipel Juan Fernandez* von Danton. Man erkennt, dass die Pflanzenillustration ein Teil dieser wertvollen Traditionen ist. Sie zollt Respekt, reichert an und entfacht zum Leben. Computerbasierte Technologien dagegen würden kaum die Rückschritte unserer Zivilisation aufhalten können.
Ich hoffe, dass der geneigte Leser in diesem Werk eine verjüngte Vision der tropischen Regenwälder antrifft. Es ist noch nicht zu spät, dort das zu entdecken, was wir alle brauchen: ein wirkungsstarkes Gegengift gegen die Umweltschäden, die das Leben in unseren Großstädten hervorbringt.

Francis Hallé

RECHT REKORD-VERDÄCHTIG

EINE EINDRINGLICHE SCHÖNHEIT

Eichhornia crassipes (Mart.) Solms-Laub.
PONTEDERIACEAE
Dickstielige Wasserhyazinthe

EINE BLAU-VIOLETTE BLÜTE mit spitz zulaufenden gelben Tupfen auf den Blütenblättern und dunklen, gefiederten Wurzeln: Diese Pflanze, schmeichlerisch auf der Wasseroberfläche schwimmend, scheint wie von einer anderen Welt. Die ersten Europäer, die das Orinocobecken entdeckten, waren sogleich von ihrer Schönheit gebannt und brachten sie mit nach Hause. Sie wussten nicht, dass unter dieser Schönheit eine wahre Pest lauerte.

Im Jahr 1884 wurde sie in Louisiana eingeführt, dann in Mexiko. Diese Gartenteichpflanze ist nun auf allen Kontinenten verbreitet, bildet jedoch nur im heimatlichen Klima neue Samen aus.

Die Wasserpflanze ist außerdem mit einer unglaublichen Wachstumskraft ausgestattet, sie kann zwei bis fünf Meter täglich wachsen. Dank ihrer vegetativen Vermehrung kann eine einzige Pflanze 30 geklonte Nachkommen in 23 Tagen produzieren.

Außerhalb ihres heimatlichen Gefildes muss sie außerdem ihre natürlichen Feinde, wie die Rundschwanzseekuh, nicht mehr fürchten und kann in aller Ruhe gedeihen.

Ihre Blüten bedecken Binnenfahrwege, Seen und Lagunen in Form einer undurchdringlichen Schicht. Diese ist lichtundurchlässig und fängt gleichzeitig Sauerstoff ab, der von Algen und Fischen benötigt wird. Ihre Blätter verfangen sich in Hydrogeneratoren und Schiffsschrauben. Und sie bringt das Gleichgewicht der Evapotranspiration, also zwischen Verdunstung aus dem Boden und Wasserabgabe durch Pflanzen, durcheinander und verringert dadurch den Wasserstand. Die Pflanze belagert die Flüsse Afrikas, den Nil oder den Kongo, den Victoria- und Tanganjikasee. In China, Indien, Indonesien, Australien oder in Russland ist das Süßwasservorkommen in fester Hand dieser Pflanze.

Außerhalb ihrer heimatlichen Gefilde muss sie ihre natürlichen Feinde nicht mehr fürchten und kann in aller Ruhe gedeihen.

Alle Gegenmaßnahmen, um die eindringliche Wasserhyazinthe auszurotten, verfehlten ihr Ziel. Dank ihrer Blattstiele, die gerundet und mit Luft gefüllt sind, schwimmt sie stets an der Oberfläche. Man versuchte, sie zu häckseln, doch aufgrund ihrer vegetativen Vermehrung ergab jedes Pflanzenstück einen neuen Sprössling.
Angesichts dieser robusten Hyazinthe änderte man die Strategie: Seither sucht man nach Nutzungsmöglichkeiten und nicht mehr nach einem Weg, sie zu bekämpfen. Man stellt daraus etwa Viehfutter her. Schweine sind besonders gierig danach. Man nutzt sie zur Luftreinigung, denn sie kann Gifte und Schwermetalle aufnehmen. Und es werden Möbel aus ihren Fasern produziert. In Burma, Thailand und Vietnam kocht man die Wurzeln, trocknet sie und nutzt sie dann in geflochtener Form zum Bau von Gerüsten. Dieses Handwerk verlangsamt den Vormarsch der Pflanze deutlich.
Die Dickstielige Wasserhyazinthe ist nicht das einzige Beispiel für eine Schmuckpflanze, die sich als Plage herausstellte. Auch der Afrikanische Tulpenbaum auf La Réunion, das Weiße Pampasgras aus Spanien, die Mimosen an der Côte d'Azur und die Eukalyptusbäume auf Madagaskar vermehren sich schnell und kaum kontrollierbar.
Merke: Wer eine neue Pflanze in seinen Garten holt, sollte sich vorher stets über die möglichen Gefahren im Klaren sein, die sie mit sich bringen kann.

BAUM-GUMMI

Hevea brasiliensis (A. Juss.) Muell. Arg.
EUPHORBIACEAE
Kautschukbaum

WELCH EIN HÜBSCHER BAUM, einer der größten im Amazonasgebiet. Er kann bis zu 60 Meter hoch werden. Sein Stamm wird stets zur Ader gelassen, denn eine Eigenheit von Wolfsmilchgewächsen (*Euphorbiaceae*) ist ihr Latexgehalt. Man muss einen Kautschukbaum nur ganz leicht einritzen, dann sieht man sogleich die weiße Milch laufen, aus der Kautschuk gewonnen wird.

Mein Interesse an diesem Baum liegt größtenteils an seinem ungewöhnlichen Rhythmus. Er wächst, hört damit auf, verliert die Blätter und beginnt dann wieder mit dem Wachstum. Und das nicht im Jahresturnus, sondern in einem Wechsel von 42 Tagen. Warum wächst dieser Baum, als wäre er Jahreszeiten gewohnt, unterhalb des Äquators? Das bleibt ein Geheimnis. Unterdrückt man diesen Rhythmus, produziert der Kautschukbaum kein Latex mehr. Zapft man seinen gesamten Latex ab, stirbt er. Trotzdem weiß man nicht, wozu der Baum seinen Latex braucht.

Viele Menschen interessieren sich für die Nutzung von Pflanzen. So bedient man sich auch der Heilpflanzen, doch man fragt sich nicht, welche Vorteile Pflanzen davon haben, diese heilsamen Moleküle zu produzieren. In der Tierwelt ist alles funktional, nichts unnütz. Doch in der Pflanzenwelt gibt es zahlreiche Beispiele wie den Latex des Kautschukbaums, dessen Nutzen niemand versteht. Ich nehme also an, dass Pflanzen einfach nicht wie Tiere funktionieren. Können sie frei handeln? Das ist keine befriedigende Hypothese, doch vielleicht ist dies der entscheidende Unterschied zu Tieren.

Europäer kennen Latex seit der Entdeckung Amerikas durch Christoph Kolumbus, der ihn in seinen Reiseberichten erwähnte. Das erste Mal berichteten die französischen Naturforscher Charles Marie de La Condamine und François Fresneau de La Gataudière im 18. Jahrhundert vom Kautschuk in Europa. Staunend hatten sie amerikanische Ureinwohner beim Spiel mit einem Ball beobachtet, der vom Boden abprallte. La Condamine schrieb die erste naturwissenschaftliche Abhandlung über dieses Material, das die Ureinwohner in ihrer

Quechua-Sprache *caotchu* nennen (*cao* ist »Holz« und *tchu* »der Weinende«). In Brasilien wird der Baum *seringua* genannt und derjenige, der den Latex erntet, *seringueiro*. Der *seringueiro* verlässt jede Nacht seine Behausung und wandert immer auf derselben Route durch die Weiten des Waldes. Er lässt jeden Kautschukbaum zur Ader, der Latex läuft dabei in eine Kokosnusshälfte oder eine Konservendose. Der Baum heilt innerhalb von zwei Stunden. Gegen acht Uhr morgens kehrt der *seringueiro* zu seiner Hütte zurück, bricht jedoch fast direkt auf denselben Weg wieder auf, um den aufgefangenen Latex in einen großen Beutel zu leeren. Wenn diese zweite Tour beendet ist, muss er sofort ein Feuer aus Palmfrüchten entfachen, in dessen Rauch er große Latexbälle formen kann. Ich habe den Einfallsreichtum der *seringueiros* sehr bewundert, wie den der Ureinwohner insgesamt. Ein Beispiel für die zahlreichen Verwendungsmöglichkeiten von Kautschuk? Ein Radfahrer im Amazonasgebiet hat einen Platten. Er entfernt den Schlauch, sucht sich einen Kautschukbaum – den gibt es wirklich überall! –, schneidet den Stamm ein, sodass Latex ausläuft. Er streicht etwas davon auf den Schlauch. Der Mann hat gerade Zeit für eine Zigarette, dann ist der Flicken gehärtet. Nur noch aufpumpen, weiter geht es.

Ein *seringueiro* benötigt ein Paar Schuhe? Er schnitzt sich jeweils eine Form für den rechten und linken Fuß aus Holz. Jeden Tag taucht er diese Formen in ein Latexbad, dann lässt er die Schuhe trocknen. Nach einigen Tagen zieht er sie einfach von den Formen ab.

Doch warum muss der *seringueiro* diesen Rundweg im Wald rastlos abgehen? Warum kultiviert man Kautschukbäume nicht? Das ist das Drama in Brasilien: Ein Parasit, ein Pilz namens *Hemileia vastatrix*, würde ihn vernichten. Damit keine Epidemie ausbricht, müssen Kautschukbäume mindestens 300 Meter weit voneinander entfernt stehen: kaum machbar. Der amerikanische Industrielle Henry Ford versuchte sich dennoch in den 1920er-Jahren daran: Er ließ eine Arbeiterstadt, die er Fordlandia taufte, am Ufer des Flusses Tapajós bauen. Tausende Bäume wurden gepflanzt und verendeten durch Pilzbefall. Heute ist Fordlandia nur noch eine Geisterstadt. Merke: Selbst ein Großindustrieller nimmt es mitunter nicht mit einem Pilz auf!

Dem Kautschukbaum ist jedoch die Ausreise aus Brasilien ohne seinen Parasiten gelungen. Die Brasilianer beharren darauf, dass man ihnen den Kautschukbaum gestohlen hat. Sie beschuldigen den Briten Henry Wickham, 60 000 Samen mithilfe der Ureinwohner gesammelt zu haben. Er soll den Zoll ausgetrickst und die Samen dem Direktor der Kew Gardens in London überreicht haben. Die Samen sollen sofort in den tropischen Gewächshäusern eingepflanzt worden sein und von dort sollen die ersten Kautschukbäume ihren Weg nach Sri Lanka genommen haben.

Doch das ist Irrglaube! Königin Victoria persönlich bat um Kautschuksamen für Kew Gardens. Die Brasilianer waren geehrt. Durch die lange Reise auf dem Segelschiff keimten die Samen zunächst nicht, denn ihre Überlebensdauer liegt bei drei Wochen. Erst mit den ersten Dampfschiffen konnten sie transportiert werden. Die daraus entstandenen Bäume wurden sofort nach Malaysia gebracht. Thailand ist heutzutage weltweiter Führer in der Produktion von natürlichem Kautschuk.

Die Brasilianer haben diese Geschichte vergessen und beschweren sich über den Pflanzenraub. Fürwahr muss es schmerzhaft für das Land sein, aus dem der Kautschukbaum stammt, das Naturprodukt unter großen Kosten importieren zu müssen!

Wie auch immer, in der heutigen globalen Warenwelt ist es fast unvermeidbar, dass der Pilzparasit *Hemileia vastatrix* sich schließlich nicht doch nach Südostasien verschiffen lässt. Die Plantagenbesitzer bereiten sich darauf vor: Neue Anpflanzungen sind keine Monokultur. Wie im Regenwald Brasiliens lassen sie 300 Meter Platz zwischen den einzelnen Bäumen.

Das Naturprodukt kommt heutzutage immer dann zum Einsatz, wenn es ums Ganze geht: Formel-1-Reifen oder Reifen für Flugzeuge, OP-Handschuhe oder Kondome … Man könnte also philosophieren, dass hier das Natürliche dem Künstlichen überlegen ist.

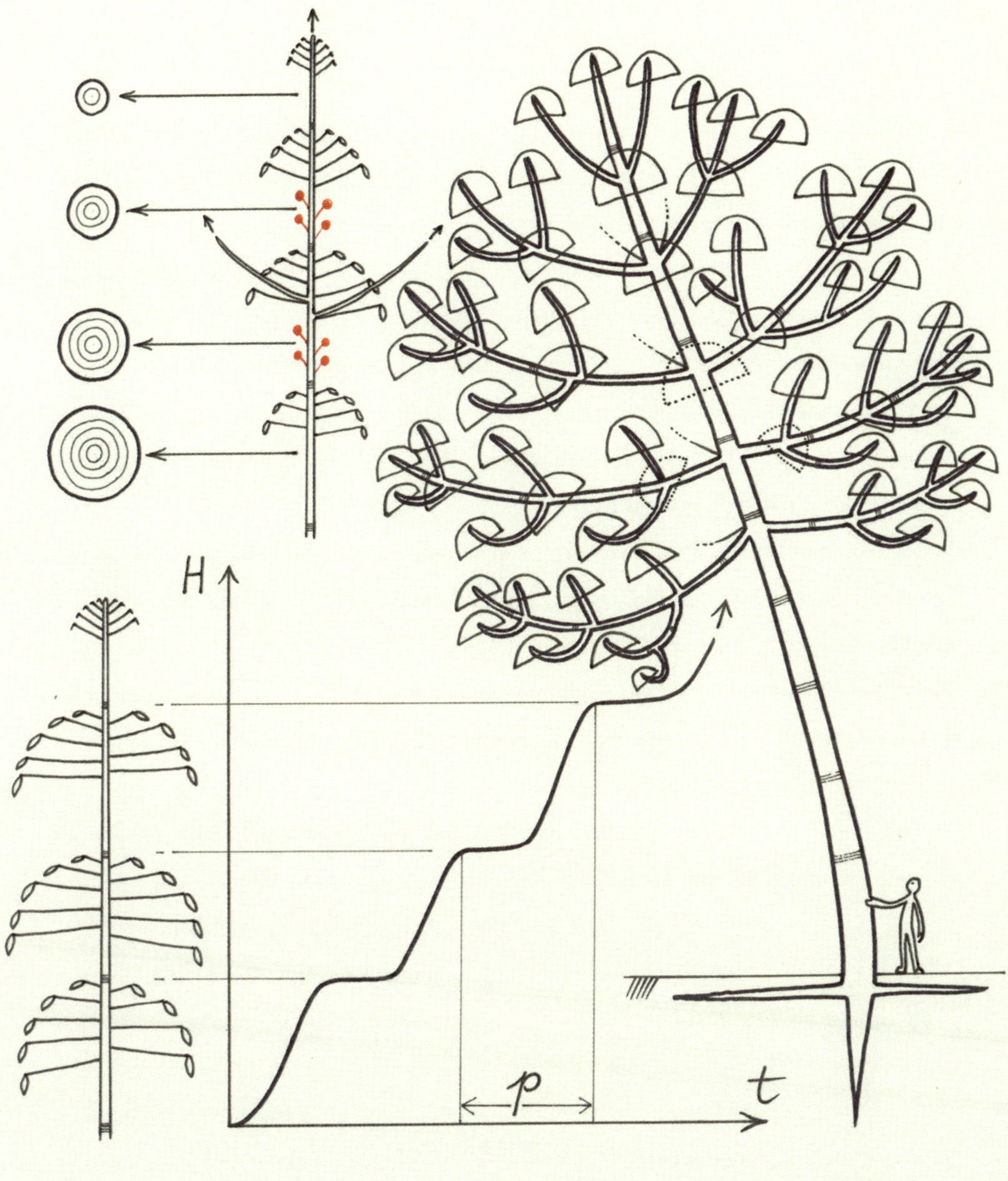

H
p
t

DIE PFLANZE MIT NUR EINEM BLATT

Amorphophallus titanum (Becc.) Becc.
ARACEAE
Titanwurz

IN MEHR ALS EINER HINSICHT ist diese Pflanze spektakulär. Ihre Blütenpracht, phänomenal und kurzlebig, entstammt einer unterirdischen Knolle. Sie lockt Zehntausende Zuschauer in die botanischen Gärten Europas, wie in Nantes, München oder Brest, wo sich diese Sumatra-Pflanze, die im 19. Jahrhundert entdeckt wurde, akklimatisiert hat. Im botanischen Garten vom Eden Project in Cornwall kann man die Blüte begleiten.

Die Titanwurz benötigt mehrere Jahre, um einen Blütenstand zu bilden, doch der ist dann einfach fantastisch: Einer riesigen Ähre gleich ragt der Blütenstandschaft von zwei bis drei Metern in die Höhe. Er setzt sich aus unzähligen mikroskopisch kleinen Blüten zusammen. Der Blütenstand gehört zu den größten im Pflanzenreich.

Die Blüten verströmen einen durchdringenden Aasgeruch. Steigt die Temperatur des Blütenstandes, werden auch die fauligen Dämpfe intensiver. Am Fuß des Blütenstandes befindet sich eine purpurrote Blütenscheide (Spatha). Käfer, besonders Aaskäfer, geben diesen Verlockungen nach: Die Bestäubung der Titanwurz ist gesichert. Die Blütezeit ist kurz, sie dauert nur 72 Stunden. Dann bedeckt sich der Blütenstandschaft mit Früchten, die jenen des europäischen Aronstabs (*Arum*) ähneln.

Merkwürdigerweise wächst der Pflanze jedes Jahr nur ein einziges Blatt. Dieses erreicht jedoch die erstaunliche Größe eines kleinen Baumes mit bis zu sechs Metern Höhe und fünf Metern Spannweite. Ein wahrlich monumentales Blatt, unter dem sich mühelos mehrere Menschen unterstellen können! Jedes Jahr stirbt das alte Blatt ab, ein neues wächst an seiner Stelle. Hat die Titanwurz genug Energie gespeichert, versetzt sich die Pflanze in einen ungefähr viermonatigen Ruhezustand. Dann beginnt der Prozess von Neuem.

Die Titanwurz ist fraglos voller Geheimnisse. Ihr Blatt fasziniert mich sehr: Warum sieht es nur immer wie abgeschnitten aus?

Die Titanwurz ist fraglos voller Geheimnisse. Ihr Blatt fasziniert mich sehr: Warum sieht es nur immer wie abgeschnitten aus? Vielleicht handelt es sich um eine Verteidigungsmethode: Das Blatt will den Anschein erwecken, dass es schon angeknabbert wurde, sodass mögliche Fressfeinde ihren Weg fortsetzen, um noch komplette Blätter zu finden. Um ehrlich zu sein, bin ich von dieser Hypothese nicht überzeugt, doch es ist die einzige, die wir Forscher momentan haben.

Diese Pflanze, die auf der indonesischen Insel Sumatra relativ häufig vorkommt, scheint nicht direkt bedroht zu sein. Ihr Lebensraum jedoch reduziert sich aufgrund von Entwaldung zusehends. Die Weltnaturschutzunion IUCN hat den Status der Pflanze deshalb als »verletzlich« eingestuft. Darüber hinaus wird sie regelmäßig geplündert, um sie auf Gartenmärkten in Korea und Japan zu verkaufen.

DER GRÖSSTE BAUM AFRIKAS

Baillonella toxisperma Pierre
SAPOTACEAE
Moabi-Baum

NACH NUR EINEM TAG IM REGENWALD von Gabun trifft man auf ein gutes Dutzend der riesigen Bäume, deren Durchmesser größer ist als die Breite meines Arbeitszimmers. Steht man vor einem Moabi-Baum, ist man ganz aufgewühlt. Für mich ist dieser Baum ein Wunder qua Größe, Bau und Lebensdauer. Er dominiert den Küstenwald seit Jahrhunderten.

Als 2012 der Dokumentarfilm *Das Geheimnis der Bäume* gedreht wurde, hatten wir das Glück, gemeinsam mit dem Regisseur Luc Jacquet einen Moabi-Baum in Blüte zu sehen. Die ist sehr selten. Da es in den Feuchttropen keine Jahreszeiten gibt, haben die Bäume nicht denselben Rhythmus. Sie blühen also nicht alle zur selben Zeit. Es wird dadurch unwahrscheinlicher, dass man einen Baum in Blüte antrifft.

Der Moabi-Baum ist der größte Baum Afrikas. Dieser Riese kann 70 Meter hoch und vier Meter dick werden. Er überragt das Kronendach, deshalb nennt man ihn Überständer. Das Alter der Tropenbäume ist nicht einfach zu bestimmen, da sie selten Jahresringe ausbilden. Und wenn sie welche haben, folgen diese keinem Jahresrhythmus. Man schätzt die Lebensdauer eines Moabi-Baums auf etwa 1000 Jahre.

Seine stattliche Erscheinung wird durch seine einheitliche Baumarchitektur (Modell Aubréville) bedingt – er wächst im gleichbleibenden Rhythmus, Äste zweigen in waagerechten Etagen ab. Er ist schön, wie alle einheitlich wachsenden Bäume. Seine Rinde ist dick, hat einen rotbraunen Farbton und ist mit vertikalen Falten versehen sowie mit genauso vielen Vertiefungen. Seine goldbraunen Blätter versammeln sich sternenförmig am Zweigende. Seine Blüten sind klein, aber zahlreich. Sie sind zunächst rosafarben, dann ziegelrot und verströmen einen fremdartigen Geruch, der an luxuriöse, sehr gepflegte alte Häuser denken lässt.

Die Gabuner lieben diesen Baum, der sowohl für ihr Leben als auch für ihre Kultur eine wichtige Rolle spielt. Er ist Stoff für Legenden: So soll etwa die gemahlene und auf die Haut aufgetragene Rinde unsichtbar machen. Doch den Gabuner, der mir das erzählte, konnte ich sehr gut erkennen!

Ein großer Moabi-Baum kann bis zu zweieinhalb Tonnen Früchte jährlich produzieren. In reifer Form ähneln sie großen, saftigen und goldgelben Birnen. Die Samen enthalten ein Öl, das zum Verzehr oder für Kosmetik verarbeitet werden kann. Hier muss ich klarstellen, dass der wissenschaftliche Name des Moabi-Baums schlecht gewählt wurde. Denn »Toxisperma« bedeutet wortwörtlich, dass der Samen giftig ist, doch das ist so gar nicht der Fall! Und die Rinde ist für Heilpraktiker aufgrund ihrer heilenden Wirkung wertvoll.

Auch viele Tiere finden den Baum interessant, besonders Elefanten. Die niedrigfrequenten Schwingungen, die durch den Fall der Früchte aus etwa 60 Metern Höhe ausgelöst werden, alarmieren den Dickhäuter, der dann von dem sehr starken Geruch der Früchte angelockt wird. Er frisst die Früchte, schluckt die Samen und scheidet sie dann wieder aus, und zwar in mehreren Kilometern Entfernung. Die Keimung wird auf der Reise durch das Verdauungssystem des Tieres gefördert. In etwa einem Jahrzehnt entsteht ein kleiner Moabi-Baum.

Doch der Elefant spielt nicht nur eine positive Rolle, wie die schweren Verletzungen zeigen, die er den Bäumen zufügt. Um an die Früchte zu kommen, stürzt sich der Elefant mit den Stoßzähnen auf den Baum. Wird der Stamm rundherum verletzt, sind die Versorgungsgänge unterbrochen. Der Lebenssaft gelangt nicht zu den Wurzeln, der Baum stirbt ab.

Die wirkliche Gefahr für Moabi-Bäume stammt jedoch vom Menschen: Während der Kolonialzeit war Moabi-Holz, das sich perfekt zum Schreinern eignet, sehr gefragt. Im botanischen Institut von Montpellier, wo ich 25 Jahre gearbeitet habe, waren Türen und Fenster aus Moabi-Holz! Glücklicherweise hat eine Kampagne (von den Les Amis de la Terre France gemeinsam mit Kameruner und Gabuner Gemeinden) Früchte getragen. Mehrere große Firmen führen dieses Holz nicht mehr ein. In Gabun dürfen seit 2010 keine Moabi-Bäume mehr gefällt werden, leider steht ein solches Verbot in Kamerun noch aus.

Auf der Roten Liste der Weltnaturschutzunion IUCN bleibt dieser Baum jedoch mit dem Status »verletzlich« verzeichnet.

EIN GEWÄCHS VON ROBINSONS INSEL

Gunnera peltata Phil.
GUNNERACEAE
Chilenisches Mammutblatt

EINE AUSSERGEWÖHNLICHE PFLANZE, deren Anblick man nicht vergisst. Zum ersten Mal traf ich im botanischen Garten von Tresco auf den Isles of Scilly, die vor der Küste Cornwalls liegen, auf sie.

Dann hatte ich das Glück, sie auf den Juan-Fernández-Inseln, vor der Küste Chiles, wiederzusehen. Genauer auf der Insel Robinson Crusoe, wo diese Pflanze endemisch, also ausschließlich beheimatet, ist und wo sie Hänge und Schluchten bevölkert. Sie gibt sich wie ein Baumfarn, mit einem weichen Stamm, der bis zu zwei Meter hoch werden kann. Wenn man diesen Stamm eindrückt, fällt er in sich zusammen: Es ist also kein Baum und der Stamm nicht aus Holz.

Am Wipfel spannt sich ein Netz aus riesigen rubinroten Blättern, die Spannweite liegt bei knapp zwei Metern. Ein wahrlich üppiges Blattwerk! Diese Blätter sind gerillt, am Rande gezackt und haben harmlose Stacheln. Im Sommer erscheinen an der Sprossachse längliche Blütenstände mit rosafarbenen, zart duftenden Blüten. Die Blütenstände können mehr als einen Meter lang werden. Die Stiele der Blätter wachsen in die Länge; so erreicht sie in etwa einem Jahrzehnt ihren ausgewachsenen Zustand.

Diese Pflanze ähnelt äußerlich einem riesigen Rhabarber, doch sie ist nicht mit ihm verwandt und alles andere als genießbar. In ihren Stielen befinden sich Unmengen an Bakteriochlorophyll, das der Pflanze ihre grüne Farbe verleiht und für die Photosynthese zuständig ist.

Drei Tage lang habe ich *Gunnera peltata* seziert. Gewöhnlicherweise arbeitet man auch beim Sezieren von Pflanzen mit dem Skalpell, doch in diesem Fall war mein Hilfsmittel ein anderes: ein Hackebeil!

Für Botaniker ist dies eine erstaunliche Pflanze und für ihre Abbildung ist die Zeichnung das beste Mittel. Niemals werde ich die Spaziergänge im Wald aus Mammutblättern vergessen, unter dem Dach ihrer gigantischen Blätter.

DIE GRÖSSTE BLÜTE WELTWEIT

Rafflesia arnoldii var. *atjehensis* (Koord.) Meijer
RAFFLESIACEAE
Riesenrafflesie

WIR WANDERN DURCH DEN WALD auf Sumatra. Plötzlich sind wir von einem scheußlichen Geruch umgeben, der an verstopfte Toiletten oder einen Streik der Müllabfuhr im August erinnert. Dieser Aasgestank lässt auf den Gesichtern der Botaniker ein Lächeln erscheinen. Bei mir tauchen ebenso Erinnerungen an den Wald in Asien auf. Der »Duft« zeigt an, dass wir uns in der Nähe einer Blüte der Riesenrafflesie befinden. Der britische Botaniker Joseph Arnold hatte 1818 diese parasitäre Pflanze entdeckt und zu Ehren von Sir Thomas Raffles, dem Forscher und Gründer des modernen Singapur, benannt.

Um die Pflanze aufzuspüren, muss man »nur« dem stärker werdenden Gestank folgen. Man kann sie nicht verfehlen: Sie besitzt die größte Blüte der Welt. Diese kann bis zu einen Meter Durchmesser und 30 Zentimeter Höhe erreichen und wiegt etwa sieben Kilogramm. Diskretion ist nicht Sache der Riesenrafflesie: Ihre fünf harten und dicken Blütenblätter, genauso wie ihre kranzförmigen Staubgefäße und der Stempel haben die Farbe verdorbenen Fleischs. Bei einer solchen Farbe und dem Geruch ahnt man, dass die Bestäuber Mücken sind. Ein Schwarm von ihnen surrt stets über der Blüte.

Nur diese ist zu sehen; Stiel und Wurzeln befinden sich in der belagerten Wirtspflanze. Das ist die Liane Tetrastigma, die zu den Weinrebengewächsen (*Vitaceae*) gehört. Zwar können zwischen Lianenpflanze und Riesenrafflesie mehrere Meter liegen, doch beide sind miteinander verbunden. Von der Liane erhält der Parasit Wasser und Nährstoffe.

Im Jahr 2013 war die *Rafflesia arnoldii* Zentrum einer kleinen Sensation. Der botanische Garten in San Diego, Südkalifornien, hatte sein Exemplar im Gewächshaus zur Blüte gebracht. Sie mussten dafür zunächst Tetrastigma im Gewächshaus ziehen, und zwar bis zu einer gewissen Größe, sodass sie die Blüte der *Rafflesia* auch nähren konnte. Man machte in den Wurzeln der Liane einen Schnitt und setzte die Samen des Parasiten daneben.

Die Riesenrafflesie gibt mir Rätsel auf. Auf Sumatra regnet es viel, wie gelingt es der Pflanze, dass ihre schüsselförmige Blüte nicht ständig unter Wasser steht?

RAFF
LESIA

DAS GRÖSSTE BLATT DER WELT

Raphia regalis Becc.
ARECACEAE
Raphia-Palme

SCHON IMMER HABE ICH mich für die größten Ausmaße bei Bäumen interessiert, ihrer Blätter oder ihrer Früchte … Zu meiner Studentenzeit hatte man uns gelehrt, dass der Baum mit den längsten Blättern *Raphia farinifera* heißt. Seine Blätter messen zwölf Meter Länge, was uns damals riesig vorgekommen ist.

Viele Jahre später, 1969, wanderte ich nahe Kongos Hauptstadt durch den Forêt de Bangou mit einigen Kongolesen, da stolperten wir über eine Palme. Doch wir sahen nur das untere Ende der Blätter, der Rest verschwand im Kronendach der umstehenden Baumriesen. Meine Begleiter versuchten, ein Blatt zu lösen. Sie mussten eine Viertelstunde mit der Machete arbeiten, bis sich eines löste. Der Fall des Blattes machte großen Krach, als ob ein ganzer Baum umfallen würde. Wir brachten es ins Labor, maßen und wogen es: 28 Meter lang, vier Meter breit und 100 Kilogramm schwer! Im Folgemonat kehrten wir in den Wald zurück und gruben um die Blätter herum, um den unterirdischen Teil auszumessen. Die Raphia-Palme öffnete sich, ihre Blätter stürzten herab. Große Exemplare tragen nur sieben Blätter insgesamt, mit gefiederten Blättchen, die seitlich abgehen.

Dieser Baum wurde zum ersten Mal von dem berühmten italienischen Botaniker und Palmenexperten Odoardo Beccari (1843–1920) beschrieben. Er besitzt die längsten Blätter im Pflanzenreich, zweimal so lang wie die der *Raphia farinifera*. Das hat mir übrigens die Ehre eingetragen, im Guinnessbuch der Rekorde aufzutauchen.

Raphia regalis hat noch eine weitere Besonderheit: Sie bildet einen Vorrat von insgesamt etwa 20 Kilogramm an Früchten. Deren Hüllen ähneln Schlangenhaut, und schüttelt man sie, so hört man die Samen im Inneren rasseln. Doch wenn der Baum diesen Berg an Früchten produziert hat, stirbt er ab. Die Raphia-Palme wächst nach dem Holttum-Baumschema: Ein singulärer Stamm ohne Zweige und eine Terminalblüte (die Pflanze stirbt also nach der Blüte ab, denn ohne Äste bleibt ihr nichts). Die Palme wächst über mehrere Jahrzehnte, blüht und stirbt. Nicht sehr erstaunlich, dass sie so selten ist.

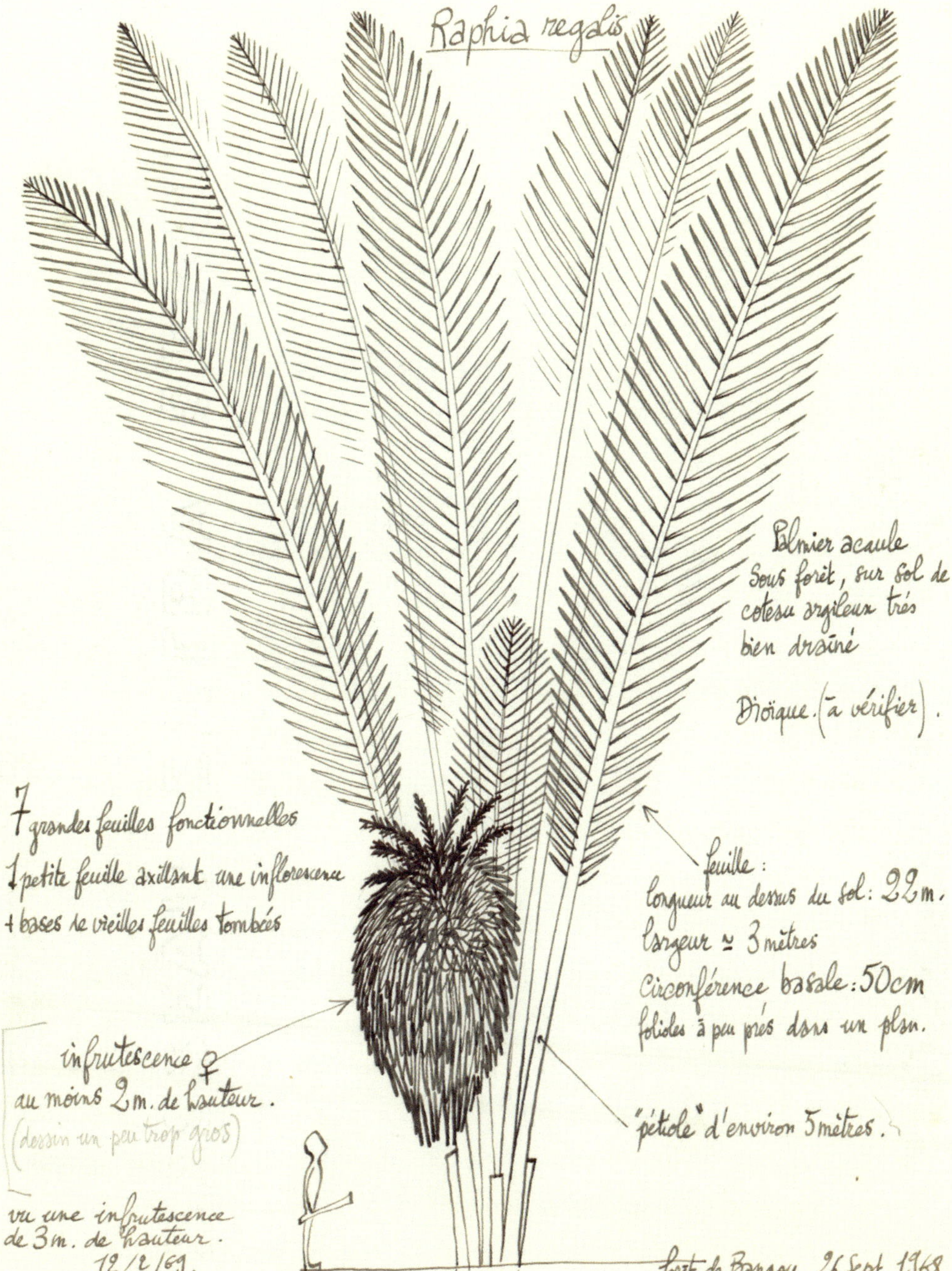

Raphia regalis
Palmier acaule
Sous forêt, sur sol de
coteau argileux très
bien drainé
Dioïque. (à vérifier).
7 grandes feuilles fonctionnelles
1 petite feuille axillant une inflorescence
+ bases de vieilles feuilles tombées
feuille :
longueur au dessus du sol : 22 m.
largeur ≃ 3 mètres
Circonférence basale : 50 cm
folioles à peu près dans un plan.
infrutescence ♀
au moins 2 m. de hauteur.
(dessin un peu trop gros)
"pétiole" d'environ 5 mètres.
vu une infrutescence
de 3 m. de hauteur.
12/2/69.
forêt de Bangou, 26 Sept. 1968

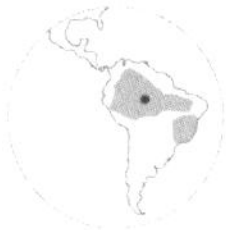

AMAZONASGEBIET: PERU BIS KOLUMBIEN,
MATA ATLÂNTICA, REGENWALD IN BRASILIEN

DER AM SCHNELLSTEN WACHSENDE BAUM?

Schizolobium parahyba (Vell. Conc.) S. F. Blake
FABACEAE
Guapuruvu, Brasilianischer Feuerbaum

DIESEN BAUM AUS dem Amazonasgebiet mag ich sehr. Man erkennt ihn dank seiner gelben Blüten schon von Weitem, einfach hübsch. In jungen Jahren erinnert er an einen Baumfarn wegen seiner weitläufigen Blätter, ein einzelnes kann einen ganzen Tisch bedecken! Blüht er in der Trockenzeit, verliert er seine gesamten Blätter und ist komplett in Gelb getaucht. Dies ist einer der schönsten Bäume der Tropen.

Als ich an der Elfenbeinküste wohnte, überreichte man mir die Samen dieses Baums. Ich habe sie vor unserem Haus eingepflanzt, und bevor ein Jahr vergangen war, maß der Baum schon neun Meter. Nach zwei Jahren erreichte er eine Höhe von 18 Metern und nach drei Jahren 21 Meter. Aus unserem Fenster sah ich nur noch den apfelgrünen Stamm, eingekerbt und bedeckt von den riesigen Blättern. Ausgewachsen erreicht der Baum 25 Meter Höhe. Das ist mal einer, der Taten folgen lässt!

Sein Holz ist sehr gefragt und seine erstaunliche Wachstumsgeschwindigkeit macht ihn noch interessanter. Die Brasilianer kultivierten ihn für die Bauholzgewinnung. Erstaunlicherweise »pappt« dieser Baum, wie man so schön sagt: Wenn man seine Hand auf den jungen Stamm legt, klebt sie fest! Das erklärt auch, warum der obere Teil seines Stammes immer voller toter Insekten ist, als hingen dort Klebe-Fallen. Doch es handelt sich nicht um einen fleischfressenden Baum, die Insekten werden nicht verdaut. Tatsächlich stammt der Kleber aus den Knospen und soll die jungen Blätter vor dem Austrocknen schützen.

Im Amazonasgebiet traf ich erneut auf den Guapuruvu. Seine Baumarchitektur – nach dem Rauh-Modell – ist aufgebaut wie die einer Pinie oder einer Eiche. Alle Achsen – der Stamm, aber auch die Äste – wachsen nach oben, die Äste sind in Etagen angeordnet. Das spricht für einen gleichmäßigen Wuchs. Die seitlich abgehenden Blütenstände bedecken den Gipfel des Baumes, den man auf einer Amazonasfahrt schon von Weitem ausmachen kann.

Ist dies der Baum, der weltweit am schnellsten wächst? Es ist sicher möglich, dass Pflanzenforscher eines Tages einen anderen Baum derselben Familie finden, der noch schneller ist.

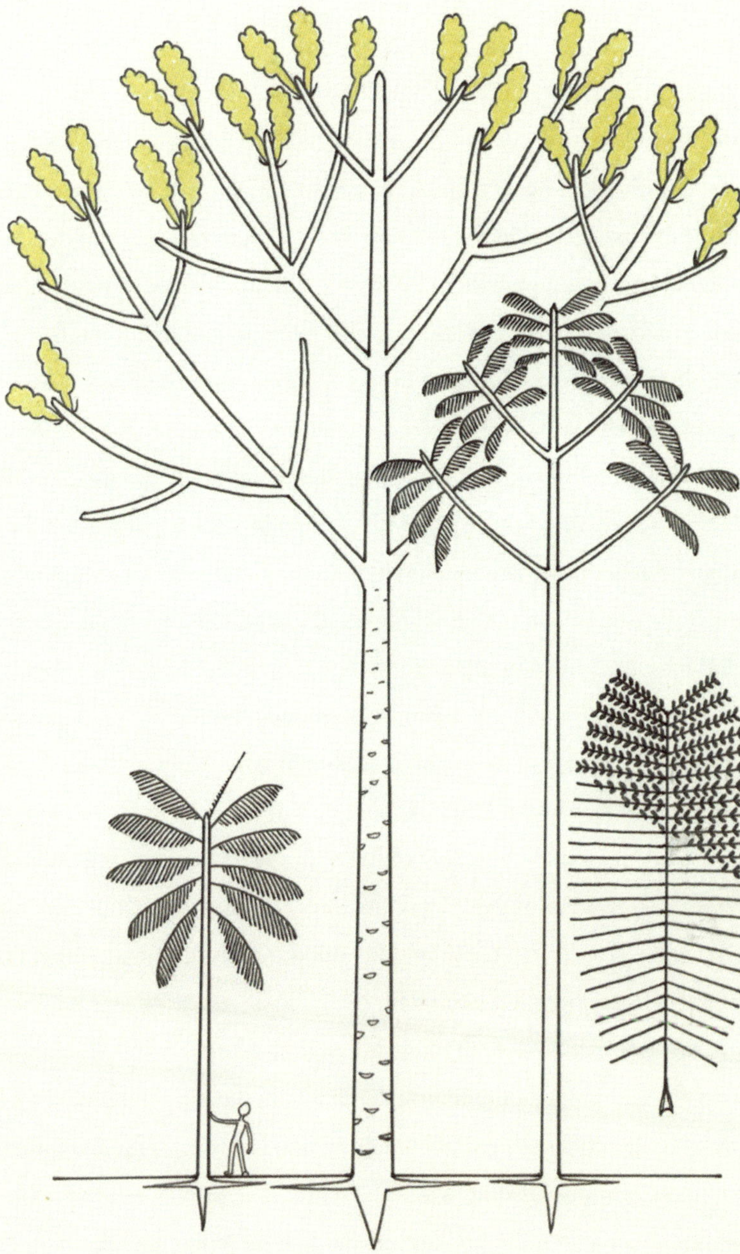

EINE RIESENLIANE

Entada gigas (L.) Fawcett & Rendle
FABACEAE
Affenleiter

DIESE PFLANZE GILT als längste der Welt: Sie erreicht bis zu einem Kilometer Länge! Doch niemandem ist es bisher gelungen, sie exakt auszumessen, denn diese Liane ist schwer zugänglich. Sie wächst in den Wäldern Zentralafrikas – ich habe sie auch auf den Komoren-Inseln in einem Sekundärwald gesehen. Sie klettert hinauf bis zu den Baumwipfeln und verankert sich dann, mithilfe ihrer Haken, in den Wipfeln von mehreren Dutzend Bäumen. Sie ist so kräftig, dass sie die Baumkronen bedeckt, und so schwer, dass sie sogar Bäume zum Einstürzen bringt. Sie geht also zum Angriff auf die Nachbarbäume über.
Egal, wie lang sie auch sein mag, die Affenleiter kann zumindest den Titel für die größten Früchte einstreichen. Ihre Schoten sind bis zu zwei Meter lang und zwölf Zentimeter breit. Sie hängen von der Liane herab; man muss schon klettern, um sie zu pflücken, oder die Reste vom Boden aufklauben. Eine Schote enthält etwa 15 flache braune, herzförmige Samen, die hübsch aussehen. Man findet sie häufig am Strand, nachdem sie über Flüsse ins Meer gespült worden sind. Sie können durch Strömungen von der Küste Afrikas bis nach Südamerika gelangen; *Entada gigas* wachsen auch im Amazonaswald.
Welches ist die größte Pflanze der Welt? Der höchste Baum, der Mammutbaum, wird bis zu 25 Meter hoch, doch er ist nicht die größte Pflanze der Welt: Eine einfache Glyzinie kann 152 Meter erreichen, wie die in den Sierra Madre Mountains in Kalifornien. Sie wurde 1892 gepflanzt und erstreckt sich heute auf über 4000 Quadratmeter, also über ein halbes Fußballfeld! Sie schmückt sich jedes Frühjahr mit mehr als einer Million malvenfarbenen Blüten. Sie ist, Stand heute, die größte Liane der Welt.
Ich zähle mich zu den wenigen Botanikern, die sich mit pflanzlichen Rekorden beschäftigen. Doch meine Augen richten sich dabei nicht auf die Leistungen für das Guinnessbuch der Rekorde. Es ist mir gleichgültig, wie viele Würstchen man in einen Stamm stapeln könnte. Dagegen interessiert mich das Ausmaß der Möglichkeiten im Pflanzenreich. Denn diese Kenntnis bereichert unser Wissen über das Leben an sich.

BESSER ANGEPASST

DIESES EINZIGARTIGE BLATT IST EINE PFLANZE

Monophyllaea insignis B. L. Burtt – *Streptocarpus monophyllus* Welw.
GESNERIACEAE

DIESE GESNERIENGEWÄCHSE zogen mich beim ersten Anblick in Afrika in den Bann. Später habe ich sie in Borneo wiedergetroffen, und sie haben mich wieder gelockt. Für einen Pflanzenforscher ist *Monophyllaea insignis* eines der überraschendsten Lebewesen in den Tropen. Eine Pflanze, die nur aus einem Blatt besteht, die auf Substrat gezogen werden kann und bis zu einem Meter lang wird, das ist aber wirklich seltsam.
Man findet sie und verwandte Gewächse an feuchten und dunklen Orten, etwa in den Tropen (außerhalb Amerikas): *Streptocarpus* in Afrika und *Monophyllaea* in Asien. Sie gehören zu den Pflanzen des tropischen Unterholzes, die eine Bandbreite an Strategien entwickelt haben, um sich in diesem andauernden Halbdunkel fortzupflanzen und zu gedeihen. Wie alle Kletterpflanzen sind auch sie dem permanenten Risiko ausgesetzt, von den zahllosen Pflanzenabfällen, die von den Baumkronen herunterfallen – Äste, abgestorbene Blätter –, bedeckt zu werden. Dieses Streuwerk kann sie begraben und dann passiert das Schlimmste: Sie werden des letzten Lichts beraubt. Wachsen Pflanzen nur wenige Zentimeter in die Höhe, bleibt ihnen als einziger Ausweg, sich auf in die Höhe ragenden Oberflächen anzusiedeln. Dort kann sich nämlich kein Laub ansammeln. Aus diesem Grund leben *Gesneriaceae* stets an steilen Oberflächen, etwa an Felsen oder am Fuß eines Baumstammes. Das funktioniert aber nur dank ihrer zahlreichen und winzigen Samen.
Das vertikale Ansiedeln ruft jedoch eine andere Einschränkung auf den Plan: Es gibt keine Erde. Diese Pflanzen müssen also ihre Lebensorganisation auf ein Minimum reduzieren. Deshalb sind sie auch einblättrig; das einzelne große Blatt hängt nach unten und entsendet Wurzeln gen Boden, die Blüte entsteht am Stielende, wie auf der Zeichnung zu sehen ist. Diese *Gesneriaceae* fallen auf.
Mit der Zeit legt sich das Blatt schließlich am Boden ab und von der oberen Spitze aus zersetzt es sich. Die Pflanze lebt wahrscheinlich mehrere Jahre; die genaue Lebensdauer dieser einblättrigen Varietäten muss jedoch noch erforscht werden.

BLÜTEN, DIE AUF HUMUS WACHSEN

Duguetia calycina Benoist
ANNONACEAE

—

BEI EINEM STREIFZUG durch den Amazonaswald entdeckt man manchmal auf dem Boden eine große bordeauxrote Blüte, dann zwei, drei, vier ... Das ist erstaunlich, denn im Tropenwald sieht man am Boden eher Blüten, die vom Kronendach heruntergefallen und kaputt sind. Diese dagegen stehen aufrecht und entwachsen dem Humus. In den Primärwäldern der Tropen befindet sich direkt über dem Boden etwa 50 Zentimeter hoch eine gleichbleibende Schicht von Kohlendioxid. Wenn Sie also ein Mittagsschläfchen am Boden halten wollen, werden Sie alsbald nach Luft schnappen. Wie kann sich also eine Blüte in Bodennähe entfalten? Das bedeutet auch, dass sich ihre Bestäuber nicht von Kohlendioxid gestört fühlen.

In der Mitte dieser Blütenansammlung findet sich der Stamm eines kleinen Baumes. An dessen Basis sind Stelzen, die den Wurzeln eines Mangrovenbaums ähneln. Gräbt man sie aus, so erkennt man, dass es sich nicht um Wurzeln handelt, sondern um unterirdische Blütenstände, die auf die Produktion von Blüten und Früchten spezialisiert sind. Und so bildet *Duguetia* aufrechte Blüten, die dem Boden entwachsen. Man weiß nichts über die Biologie dieser Blüten oder den Grund, warum sie aus Humus wachsen. Ich kann nur noch sagen, dass sie angenehm duften, leicht alkoholisch: Sie werden wahrscheinlich von Fluginsekten bestäubt, etwa Zweiflüglern, Hautflüglern oder Faltern.

Dieses Phänomen fand ich in Kamerun in einer anderen botanischen Familie wieder, bei den *Achariaceae*. Die Pflanze nennt sich *Caloncoba flagelliflora* Gilg ex Pellegr. Während ich also durch den Regenwald von Campo ging, fand ich einen Teppich aus winzigen weißen Blüten, aufrecht aus dem Boden wachsend. Wie ein Feld von Gänseblümchen. In der Mitte befand sich ein Baum von fünf Metern Höhe. An dessen Fuß wuchsen Stelzen. Als ich sie ausgrub, sah ich, dass es sich um Blütenstände handelte, die bis zu elf Meter lang waren.

Den Regenwaldforschern diene ich hiermit eine Studie über die Kohlendioxidschicht in Bodennähe an, von deren Einfluss auf Pflanzen und Tiere wir noch nichts wissen.

Duguetia friesii ANNONACEAE

F.H. n° 2632

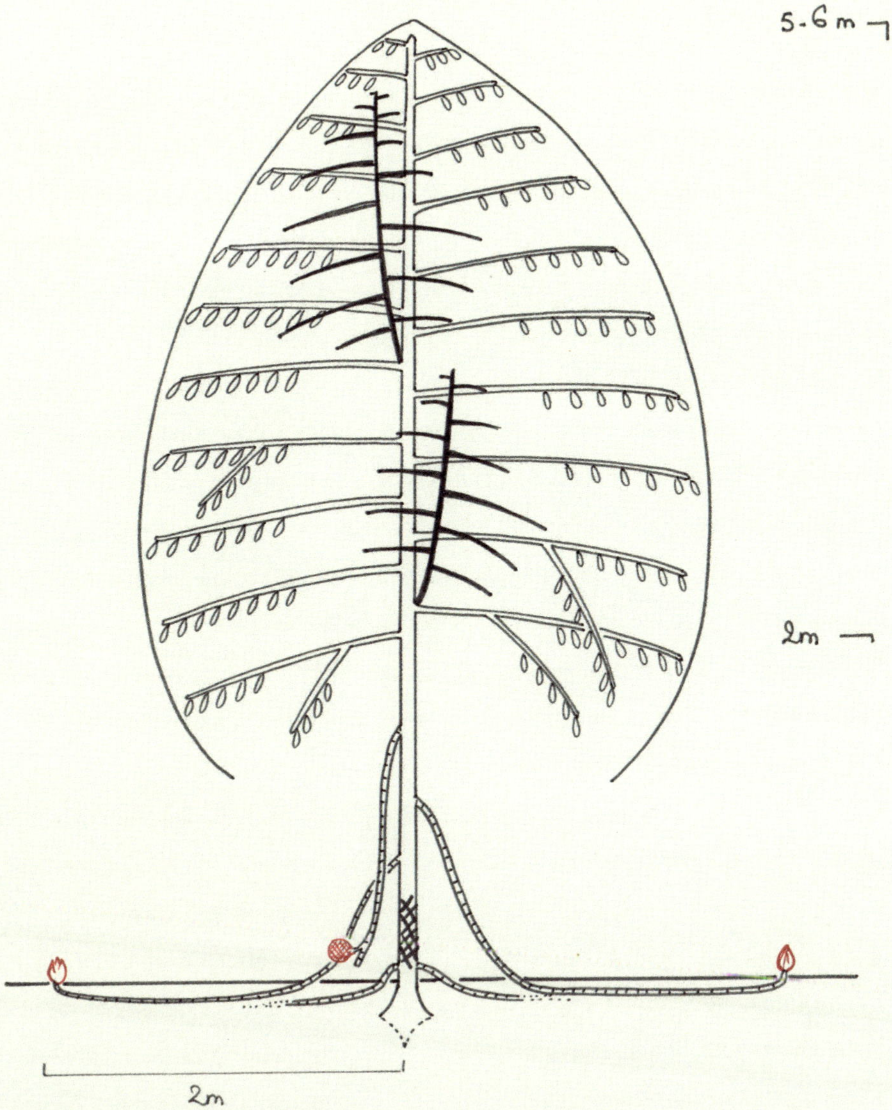

30 I 78

GUYANE. Sommet nord du Mt Galbao

DIE PFLANZE IM PILZKLEID

Helosis cayennensis (Sw.) Spreng.
BALANOPHORACEAE

ALS ICH 1962 DEN MANA-FLUSS in Guyana hochfuhr, sah ich etwas, das ich zunächst als roten Pilz mit einem noch nicht ausgebildeten Hut definierte. Doch tags darauf war der Pilz abgestorben. In den folgenden Tagen sah ich viele von diesen Pilzen, die alle wiederum tags darauf abgestorben waren. Langsam dämmerte es mir, dass ich zwar jeden Morgen die toten Pilze sah, doch niemals hatte ich sie mit ausgebildeten Hüten gesehen, als ob etwas mit ihnen in der Nacht passiert wäre.

Ich habe mich also entschieden, in der Nacht wach zu bleiben, um Ausschau zu halten. Im Laufe dieser Nacht beobachtete ich wundersame Dinge. Sobald die Dämmerung hereinbricht, lassen die schuppenartigen Hüte dieser Pseudo-Pilze nach und nach Blüten erscheinen. Die Schuppen fallen eine nach der anderen ab und statt des Hutes sieht man eine Blumenkugel. Später in der Nacht welken diese Blüten und verschwinden. Sie hinterlassen eine rot gefärbte, nackte und perforierte Oberfläche. Gegen Ende der Nacht wachsen neue Blumen aus den Löchern. Etwa um vier Uhr morgens ist die Oberfläche von kleinen weißen Blüten bedeckt, die einen angenehmen Duft verströmen und Insekten anlocken. Wenn der Tag beginnt, ist auch die zweite Generation Blüten schon verwelkt.

Was ich für einen Pilz hielt, ist eine parasitäre Blühpflanze. Sie lebt im schattigen Unterholz. *Helosis cayennensis* hat sich an die Abwesenheit des Lichts und damit auch der Photosynthese angepasst: Sie hat weder Blätter noch Chlorophyll. Ihre Wurzeln durchdringen die von benachbarten Bäumen und zapfen dort Energie ab, in Form von Zuckern und weiteren Produkten der Photosynthese. Im Laufe der Nacht trägt sie zunächst weibliche Blüten, dann männ-

Ich träume davon, dass die Botanik ihren Zwang zur Benennung und Klassifikation aufgibt und sich stattdessen auf die Erforschung der pflanzlichen Biologie verlagert.

liche, das sind die wohlduftenden. Zur Morgendämmerung sinkt die Pflanze zu Boden. Ich war fasziniert: Ich wusste nicht, dass eine blühende Pflanze aussehen konnte wie ein Pilz. Ich fertigte zahlreiche farbige Zeichnungen von ihr an.

Helosis cayennensis lässt mich über eine Praxis in der Pflanzenforschung sinnieren. Der Großteil meiner Kollegen träumt davon, eine neue Pflanze zu entdecken. Für mich ist die Neuentdeckung und folgende Benennung einer Pflanze nicht so wichtig, ich sehe das nicht als meine Aufgabe. Ich interessiere mich vielmehr für die Biologie der Pflanze. Ich träume davon, dass die Botanik ihren Zwang zur Benennung und Klassifikation aufgibt und sich stattdessen auf die Erforschung der pflanzlichen Biologie verlagert.

Um zum Thema und *Helosis cayennensis* zurückzukommen: Ihr Parasitentum ist rechtmäßig und, offen gesagt, auch moralisch vertretbar. Denn im Regenwald fangen tatsächlich die großen Bäume den Großteil des Lichts mit ihren Baumkronen ab. In Bodennähe suchen sich die kleinen Pflanzen, die im Halbschatten keine Photosynthese durchführen können, die Energie aus anderen Quellen, etwa aus den Wurzeln der Baumriesen. Das ist doch ein gerechter Ausgleich.

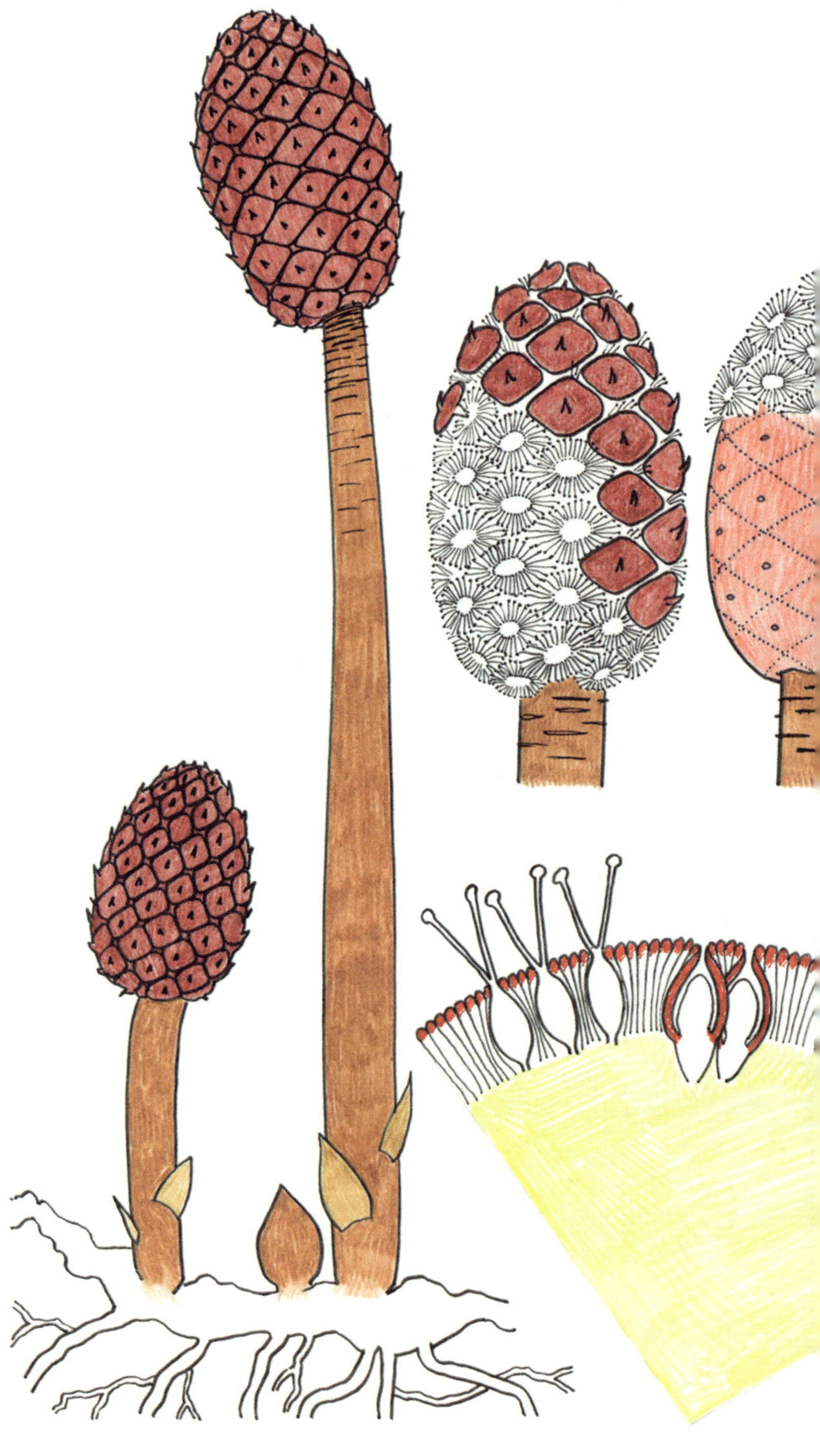

DIE UNTERIRDISCHEN BÄUME

Parinari Aubl. – CHRYSOBALANACEAE, SÜDAFRIKA
Jaborosa Juss. – SOLANACEAE, ARGENTINIEN

WIE DEFINIERT MAN EINEN BAUM? Wenn ich »Baum« sage, hat jeder ein Bild vor Augen, doch wenn man nach einer Definition sucht, ist das beinahe unmöglich. Braucht er Holz? Sind Äste ein Kriterium? Muss es ein Stamm oder können es mehrere sein? Wie sieht es mit Blättern aus? Wie kann man diese Definition so formulieren, dass auch die Regenwaldbäume und die versteinerten Bäume einen Platz darin finden? Im 21. Jahrhundert haben wir uns immer noch nicht auf eine einzelne Definition des Baumes einigen können.

Besucht man eine Baumschule, so erhält man dort eine Definition, die nur Bäume in Europa betrifft, als ob »unsere« Bäume die einzig wahren wären: ein einzelner Stamm aus Holz, Äste, eine dichte Blätterkrone, alles in allem mehr als sieben Meter hoch. Eiche, Buche und Linde sind auf der sicheren Seite.

Doch weder versteinerte Bäume noch solche aus den Tropen passen in diese Definition. Denn in den Tropen haben manche Bäume nicht einen, sondern gleich etwa ein Dutzend Stämme; andere bilden keine Äste aus und bestehen auch nicht aus Holz, wie etwa Palmen; wieder andere produzieren keine Blätter, wie baumartige Kakteenarten oder die großen Wolfsmilchgewächse in Afrika.

Eines Tages war es mir gelungen, eine Definition zu formulieren, die meinen Bedürfnissen genügte. Dann entdeckte ich in der Savanne Südafrikas, nahe Pretoria, unterirdische Bäume. Meine Definition stürzte sofort wie ein Kartenhaus in sich zusammen, denn diese unterirdischen Bäume fanden partout keinen Platz darin. In der Regenzeit sieht man dort nur große Teppiche von Blüten und Blumen, die eine Fläche von mehreren Zehntausend Quadratmetern be-

Besucht man eine Baumschule, so erhält man dort eine Definition, die nur Bäume in Europa betrifft, als ob »unsere« Bäume die einzig wahren wären.

decken. In der Trockenzeit verschwindet alles! Man muss nach den dicken, weichen Ästen graben, um sogleich zugeben zu müssen, dass es sich um unterirdische Bäume handelt. Ein unterirdischer Baum in einer Familie von oberirdischen Gewächsen, was bedeutet das? Warum wachsen diese Bäume unter der Erde? Man hat herausgefunden, dass diese Bäume sehr alt sind, zumal einige von ihnen mehr als 1000 Jahre zählen. Man weiß auch, dass sie dort wachsen, wo Savannenfeuer durch Gewitter ausgelöst werden. Der Baum hätte sich angesichts dieser natürlichen Feuersbrünste, die durch Blitze regelmäßig und seit Menschengedenken immer vorkommen, anpassen müssen. Und zwar schon lange, bevor die Menschen auf den Plan der Evolution traten. Die Erde ist in der Tat ein hitzebeständiger Schutz für Bäume gegen Feuer. Diese unterirdischen Bäume faszinieren mich; um die 15 Arten wurden in Afrika und Amerika bisher gefunden.
Mein englischer Kollege Frank White hat die grundsätzliche Idee von einem Wald in einem Artikel zusammengefasst, der für Furore unter den Tropenforschern sorgte: »The underground forests of Africa: a preliminary review«[1].

1. *The Gardens' Bulletin*, Singapur, 29, 1976.

EINE ORCHIDEE OHNE BLÄTTER

Microcoelia caespitosa (Rolfe) Summerh.
ORCHIDACEAE

—

ALS ICH IN ABIDJAN (Elfenbeinküste) wohnte, arbeitete ich in einem Garten, in dem die Bäume von *Microcoelia* bedeckt waren, einer Orchideenart.

Diese Pflanzen sind keine Parasiten, sondern sogenannte Epiphyten (Aufsitzerpflanzen). Sie wachsen auf Ästen. Um sich in der Krone eines Baums festsetzen zu können, müssen drei Voraussetzungen gegeben sein: staubfeine Samen, die der Wind herumwirbelt, Flechten und Moose, die ein wenig Feuchtigkeit auf den Ästen sammeln, und schließlich Pilze, denn keine Orchidee kann ohne sie überleben. *Microcoelia* besitzt weder Blätter noch Sprossenachsen, nur sternförmig angeordnete Wurzeln, in deren Mitte hübsche weiße Blüten sitzen, die mit einem durchscheinenden Stab versehen sind. Dieser ist teilweise mit Nektar gefüllt. Weit entfernt vom Boden können die Pflanzen schwer Wasser sammeln. Sie müssen ihren Wasserverlust also eindämmen. Das meiste Wasser verlieren Pflanzen durch Verdunstung über die Blätter. Folglich haben Epiphyten oft kleine Blätter. Die extreme Variante ist dann, ganz ohne auszukommen, wie die *Microcoelia* es tut.

Pflanzen sind aber abhängig von Photosynthese, die üblicherweise in den Blättern abläuft. Wie soll das nun ohne Blätter geschehen? *Microcoelia* verlagerte ihr Chlorophyll in die Wurzeln. Diese sind in trockenem Zustand grau, was von einem Schleier abgestorbener Zellen kommt. Wenn es regnet, füllt sich diese Schicht mit Wasser und das Chlorophyll tritt auf den Plan: Die Wurzeln werden grün. Die abgestorbenen Zellen haben übrigens auch eine wichtige Rolle: Sie beherbergen den symbiotischen Pilz.

Microcoelia ist biologisch gesehen ganz normal: Sie hat lediglich ihre Blätter durch Wurzeln ersetzt. Diese pragmatische Anpassungsfähigkeit erstaunt mich endlos. Ich habe keine Blätter, Pech gehabt, dann verschiebe ich das Chlorophyll eben in die Wurzeln!

Blattlose Orchideenarten gibt es viele, man findet sie in allen Regenwäldern der Welt. Eine von ihnen stammt aus Neuguinea und geht noch weiter: Ihre Wurzeln sind abgeflacht und sehen aus wie Blätter, die auf dem Ast des Baumes haften, der die Orchidee trägt!

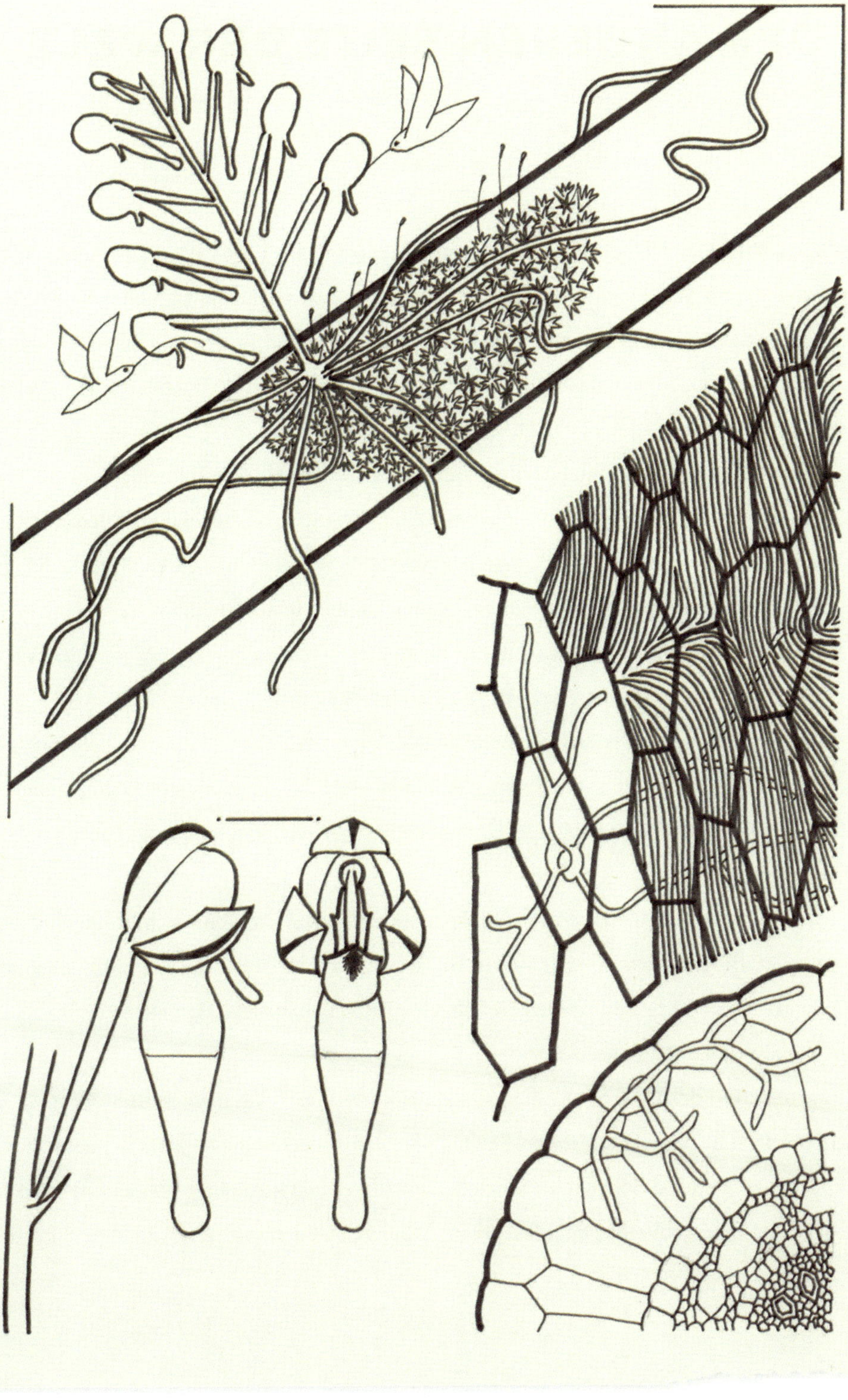

DER ENZIAN VON DER ANDEREN SEITE DER WELT

Voyria coerulea Aublet
GENTIANACEAE

IM WALD VON GUYANA ist der Boden von einem Teppich aus Laub bedeckt. Im Laufe eines Tagesmarsches sieht man einen blauen Enzian, wie man ihn von europäischen Almwiesen her kennt, daraus hervorspitzen. Unerwartet und anrührend ist diese Sichtung im äquatorialen Unterholz, wohin das Licht nur in geringem Maße dringt. Darüber hinaus duftet dieser Enzian sehr gut.

Da er im Schatten wächst, steht Photosynthese nicht zur Debatte. Dementsprechend besitzt diese Pflanze weder Chlorophyll noch Blätter. Sie muss also eine andere Energiequelle auftun. Verbunden durch die Wurzeln lebt *Voyria* in Symbiose mit einem Bodenpilz, der seinerseits in Symbiose mit den Wurzeln eines Baumes lebt. Der Pilz nutzt den zuckerhaltigen Lebenssaft des Baumes und gibt einen Teil davon an den Enzian ab. Dieser verwendet also Energie, die von einem Baum eingefangen wurde.

Ist das nicht ein gerechtes Auskommen für alle? *Voyria* wird von Bäumen in Schatten getaucht, sie bilden ein fast undurchdringliches Blätterdach. Um auch ohne Licht zu überleben, muss sich die Pflanze anpassen. Und genau bei den Wurzeln eben jener Bäume zweigt sie ihre Energie ab.

Auch in den Regenwäldern Afrikas findet man eine Enzianart ohne Chlorophyll. Diese verwendet dieselbe Methode wie *Voyria*. Im Gegensatz dazu leben die Enzianpflanzen der Alpen mitten im Licht und kennen die Schattenproblematik nicht. Sie besitzen grüne Blätter, wie alle anderen Pflanzen.

Ein großer Teil des Forschungsinteresses im Regenwaldbereich liegt in dieser Vielfältigkeit von Lebensmodellen. Mit den Fragen, wie sich Pflanzen an örtliche Gegebenheiten anpassen, wie etwa das Leben im Schatten, das Überleben mit wenig Wasser oder Wuchs abseits der Erde, verbleibt zweifellos genug Arbeit für Generationen zukünftiger Forscher.

GEHEIMNISVOLLES GEBAREN

DER BAUM, DER SEINE BLÄTTER NICHT VERLIEREN KANN

Eucalyptus perriniana F. Muell. ex Rodway
MYRTACEAE

EUKALYPTUSBÄUME stammen aus Australien. Es existieren mehr als 700 Arten. *Eucalyptus perriniana* ist nur ein bescheidener Strauch, der in höheren Bergregionen wächst, wo es häufig sehr kalt wird.

Er besitzt runde, zarte Blätter, die paarweise einander gegenüber direkt am Zweig sitzen. Doch wenn sie absterben, können sie einfach nicht herunterfallen. Stattdessen gleiten sie am Zweig entlang Richtung Stamm und häufen sich dort in Form einer Art von Schutzhülle an. Die runden Blätter beginnen zu verfaulen, doch das geschieht sehr viel langsamer, als lägen sie am Boden.

Trifft man auf *Eucalyptus perriniana* in einem botanischen Garten in Europa, ist man versucht, diesen kleinen Baum auszulachen. Denn ihm gelingt es einfach nicht, die abgestorbenen Blätter loszuwerden. Versetzt man sich gedanklich in seine eigentliche Heimat, erkennt man, dass die Laubhülle eine wichtige Rolle beim Schutz gegen Kälte und Schnee spielen könnte.

Auf den ersten Blick und für jemanden, der diese Art nicht kennt, mag der gute *Eucalyptus perriniana* – der Baum, der es nicht schafft, seine Blätter zu verlieren – sehr merkwürdig vorkommen. Doch im tatsächlichen Leben kann es durchaus sein, dass er damit eine hervorragende Lösung zum Überleben in den kalten, verschneiten Bergregionen gefunden hat, die seinen natürlichen Lebensraum bilden.

EIN LORBEER-PARASIT

Cassytha filiformis L.
LAURACEAE
Schlingfaden

HIER HABEN WIR EINE LIANE, die zur Familie der bekannten Lorbeergewächse gehört. Biologen wirft sie eine Reihe von Fragen auf. In Südfrankreich kennen wir den Lorbeer als Gewürz. Doch die Familie der Lorbeergewächse ist fast überall auf der Welt präsent, besonders in den Tropen. Dort sind es kleine Bäume mit hübschen Blättern mit weißer Unterseite und kleinen grünen Blüten. Sie sind biologisch gesehen eher einfach, doch in dieser eher zurückhaltenden Familie tritt unsere *Cassytha filiformis* hier hervor: Sie ähnelt keinem anderen *Lauraceae.*

Dieser gelbliche Schlingfaden wurde 1730 von Carl von Linné benannt. Sie klettert an benachbarten Pflanzen und besonders an Bäumen entlang nach oben. Die halbparasitäre Pflanze verhakt sich, dringt mit ihren kleinen Nägeln in die Haut ihres Wirts ein und pumpt den Lebenssaft aus den Gefäßen, der nahrhafte Zellen und Wasser enthält. Sie ist nicht wählerisch, nimmt Sträucher oder einen großen Obstbaum, doch sie kann ein Dutzend Opfer gleichzeitig parasitieren. Dabei kann sie auch jeglichen Bodenkontakt verlieren. In Thailand habe ich große Mangrovenbäume gesehen, die von einer *Cassytha* bedeckt waren. Es sah aus, als trügen sie eine riesige gelbe Perücke. Mit ihren Fäden verschlingt sie die Bäume geradezu, sie ist eine wahre Pest!

Warum nutzt die *Cassytha* nicht einfach Photosynthese? Warum ähnelt sie den anderen *Lauraceae* nicht mehr? In allen Pflanzenfamilien findet man einen »Outsider«, der den anderen den Rücken kehrt. Trotz ihrer seltsamen Erscheinung gibt es aber keinen Zweifel an der Zugehörigkeit der *Cassytha filiformis* zur Familie der Lorbeergewächse. Von ihnen stammen die klappenartigen Staubgefäße und der charakteristische Pollen. Lässt man einen Samen der *Cassytha* keimen, so entsteht zunächst ein typisches Lorbeergewächs. Doch sobald sie eine benachbarte Pflanze entdeckt, die sie erklettern kann, verändert sie sich, entsagt der Norm. Ohne der Familie endgültig Lebewohl zu sagen, verliert sie fast ihr gesamtes Chlorophyll und wird zu einem wahren Parasiten, wenn auch botanisch korrekt nur zu einem Halbparasiten.

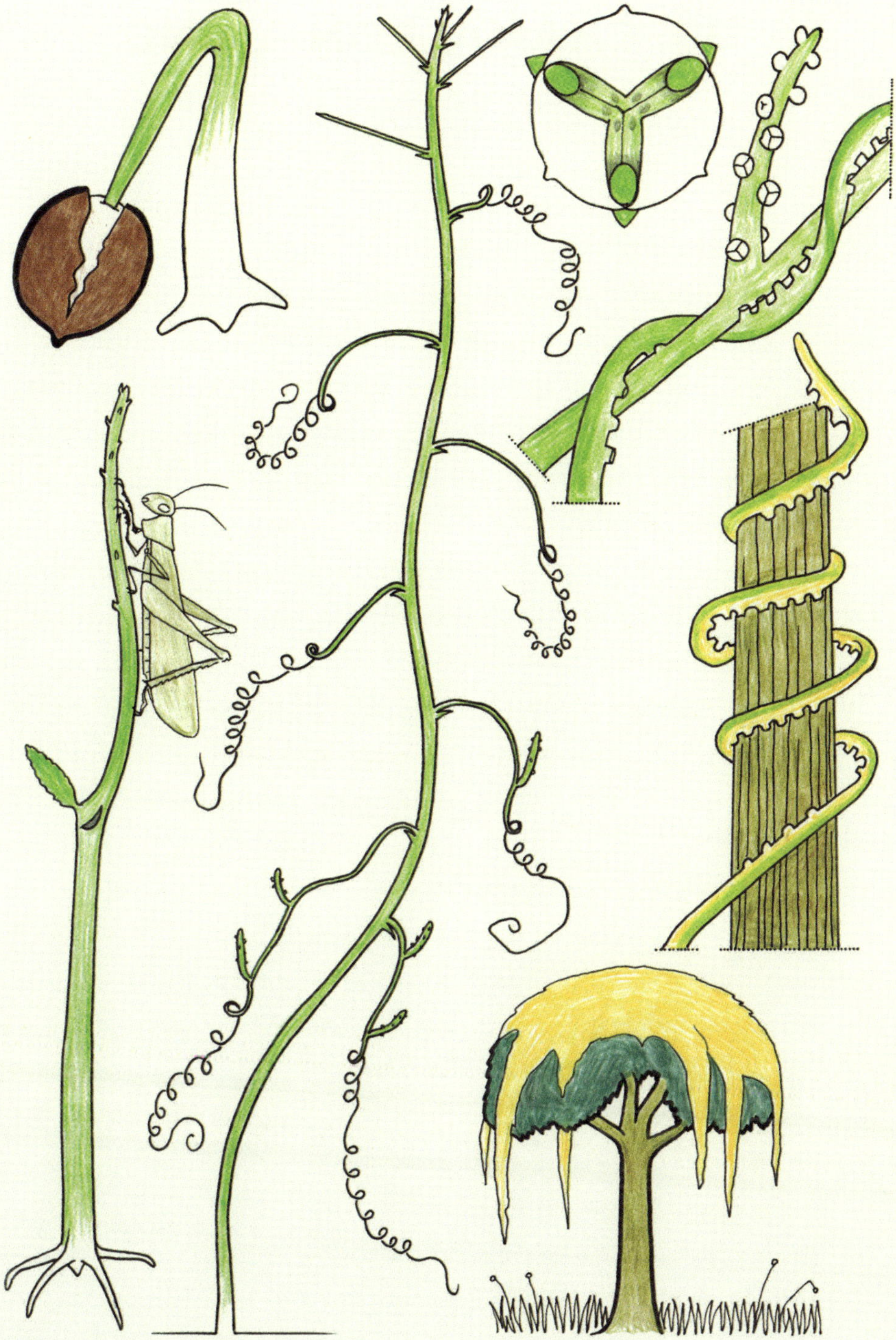

DIE CHAMÄLEON-LIANE

Boquila trifoliolata (DC.) Decne
LARDIZABALACEAE

—

DIESE SCHLINGPFLANZE wächst ähnlich wie eine Glyzinie um einen Trägerbaum herum. Sie unterscheidet sich damit von einer Rebe oder einer Wicke, welche sich auf eigenen Ranken tragen. Diese Liane klettert an Bäumen in die Höhe und hat sich dafür auf einzigartige Weise angepasst. Zur Verteidigung gegen pflanzenfressende Insekten imitiert sie die Blätter ihres Trägerbaums. Ihr Blattwerk behält zwar die drei Blättchen, doch sie vollzieht eine komplette Verwandlung, um den Wirt zu imitieren: Die Liane passt Größe, Form, Farbe, Ausrichtung und sogar die Zeichnungen der Blattrippen an, um perfekt mit dem Trägerbaum zu verschmelzen. Wechselt sie im Laufe ihres Wachstums den Baum, so kann sie selbst an ein und demselben Zweig völlig unterschiedliche Blätter ausbilden, je nach Baum, der sie nun trägt. Sogar, wenn dieser viel größere Blätter besitzt. Sie kann ihre Blattoberfläche vergrößern oder verringern; die Länge des Blattstiels passt sich ebenfalls an. Die Blattfarbe kann von Dunkelgrün bis zu einem klaren Grün rangieren, in matt oder strahlend. Sie kann sich sogar am Ende jedes Blättchens eine Spitze zulegen. Sie ist ein wahres Chamäleon.

Klettert sie an einem Baum empor, dessen Blätter gezackt sind, versucht *Boquila* ihr Bestes, doch für diese Formen trägt sie keine große Begabung in sich!

Durch ihre Imitation verteidigt sie sich hervorragend gegen Fressfeinde wie Rüssel- oder Blattkäfer sowie Schnecken. Chilenische Forscher haben die angepassten Chamäleon-Blätter von *Boquila* am Trägerbaum mit denen der jungen Pflanze verglichen, wenn sie noch auf dem Waldboden nach einer Aufstiegsmöglichkeit sucht. Von der noch am Boden kriechenden, jungen Liane werden stets die Blätter gefressen. Das nachgeahmte Blattwerk am Trägerbaum wird dagegen verschont.

Eine *Boquila trifoliolata* habe ich nie in natura gesehen. Erst 2014 lernte ich sie in einem Artikel einer wissenschaftlichen Zeitschrift kennen[2], doch diese Liane fasziniert mich sehr. Und ich bin nicht der Einzige: Viele Biologen warten darauf, *Boquila* erforschen zu können.

Warum ist sie so erstaunlich? Zunächst einmal ist Nachahmung (Mimikry) zwar bei Tieren recht häufig anzutreffen, im Pflanzenreich jedoch nur sehr selten. Eines der schönsten Beispiele für pflanzliche Nachahmung wächst in Europa. Die Ragwurzen-Orchideen der Gattung *Ophrys* besitzen ein großes Blütenblatt, eine sogenannte Blütenlippe, die einer weiblichen Biene ähnelt. Auf diese Weise werden männliche Bienen angelockt, die sich paaren wollen und dabei stattdessen die Blume bestäuben.

Nun bleibt noch die Frage, wie es dieser Chamäleon-Liane gelingt, die Blätter ihres Trägerbaums zu erkennen und dann nachzubilden. Forscher haben zwei Hypothesen, doch keine davon überzeugt mich wirklich. Einige sagen, der Wirt sendet ein chemisches Signal aus, das *Boquila trifoliolata* abfängt. Dieses Signal könnte aus einer flüchtigen, organischen Mischung bestehen, wodurch bestimmte Gene dazu gebracht werden, die jungen Blätter auf eine besondere Art und Weise wachsen zu lassen. Die zweite Hypothese bedient sich eines sogenannten horizontalen (Gen-)Transfers.

Hinter diesem zunächst unbedeutend wirkenden Begriff versteckt sich eine wahre Genrevolution. Der Genaustausch zwischen zwei Lebewesen geschieht üblicherweise per Geschlechtsverkehr. Bei Tieren ist dies der einzige Weg. Pflanzen können »es« aber auch horizontal: Zwei nicht miteinander verwandte Pflanzen, wie etwa die Zypresse und eine Lauchart, können ihre Gene auf nicht-sexuellem Wege austauschen. Das funktioniert dann folgendermaßen: Ein Pflanzenfresser knabbert erst die eine Pflanze, dann die andere an. So wird ihre DNS durch die Verdauung und folgende Ausscheidung des

Pflanzen können »es« auch horizontal: Zwei nicht miteinander verwandte Pflanzen, wie etwa die Zypresse und eine Lauchart, können ihre Gene auf nicht-sexuellem Wege austauschen.

Tieres vermischt. Es entstehen Zwitterpflanzen, die sich ähneln: Entweder ahmt die eine die andere nach oder sie haben sich auf eine Mischung geeinigt. Doch im Falle der *Boquila trifoliolata* lässt sich partout kein pflanzenfressender Mittelsmann erkennen.
Diese Liane steckt voller Geheimnisse; wir wissen noch sehr wenig über ihre Lebensweise und können kaum erklären, wie ihr diese einzigartige Anpassung gelingt.
Boquila trifoliolata gehört nach offizieller Klassifikation zur Familie der Fingerfruchtgewächse (*Lardizabalaceae*). Das bringt mich zum Lächeln, denn diese Familie zählt zu den primitivsten blühenden Pflanzen, also Bedecktsamer, der basalen Ordnung. Im Vergleich zu in letzter Zeit neu entdeckten Pflanzen werden die ein- und zweikeimblättrigen Pflanzen (Mono- und Dikotyledonen) als archaisch betrachtet. Dennoch präsentiert diese Liane einen sehr eleganten Verteidigungsmechanismus!
Die *Boquila* zeigt ebenso einen neuen, besonderen Fall des Informationsaustausches zwischen zwei Pflanzen. Ich würde sie liebend gern in einem botanischen Garten ansiedeln.

2. Gianoli, E., und Carrasco-Urra, F.: »Leaf mimicry in a climbing plant protects against herbivory«, *Current Biology*, 5. Mai 2014.

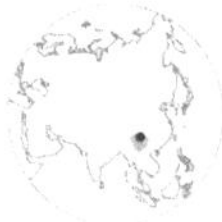

DIE TANZENDE PFLANZE

Codariocalyx motorius (Houtt.) Ohashi
FABACEA, FABOIDEAE
Telegraphenpflanze

IM JAHR 1989 REISTE ICH zum ersten Mal nach China. Ein Institut aus Montpellier für agrarwirtschaftlichen und wissenschaftlichen Austausch hatte mich gebeten, den botanischen Garten von Xishuangbanna zu bewerten. Er befindet sich im Süden des Landes, gleich neben der Grenze zu Laos. Dieser Garten wurde in der Mao-Ära eingerichtet und Europäern war der Zutritt bisher nicht gewährt.

Ich komme also in diesem Garten an einem Sonntagmorgen an und der Leiter, Chen Jin, eröffnet unsere Begegnung mit der Frage: »Kennen Sie die tanzende Pflanze?« Er führt mich sodann zu Pflanzen in Töpfen, kleinen Sträuchern, die auf den ersten Blick nach nichts Besonderem aussehen. Ihre Blätter ähneln denen von Bohnen, sie sind jedoch grau, und trotz ihrer hübschen rosafarbenen Blüten sehen diese Sträucher nach absolut nichts aus, was einem im Gedächtnis bleiben würde. Um die Töpfe herum sitzen einige Chinesen, die in die Hände klatschen und Schreie ausstoßen. »Sie bringen die Pflanze zum Tanzen«, erklärt mir Chen Jin. Tatsächlich bewegen sich die zwei lateralen Blättchen an jedem Blatt, wenn jemand ein lautes Geräusch macht.

»Könnten Sie uns ein französisches Lied singen, damit wir testen können, ob das auch funktioniert?«, bitten mich die Chinesen. Ein bretonisches Matrosenlied … Das klappt! Die Pflanzen tanzen, zur großen Begeisterung aller Zuschauer.

Vor meiner Abreise hatte das Institut mich vorgewarnt: »Pass auf, die Chinesen sind eine strenge Nation, sie fürchten, dass man ihnen die Samen klaut.« Dennoch schiele ich auf die Früchte, mit denen die »tanzenden Pflanzen« übersät sind. Es sind gräuliche kleine Hülsen, ähnlich denen von Bohnen. Am Ende frage ich schüchtern nach, ob der botanische Garten mir wohl einige Samen überlassen würde. Sogleich erheben sich die Chinesen, strömen aus, um einen großen Sack zu suchen, und helfen mir bei der Ernte.

Das alles habe ich zurück in Frankreich berichtet, wo die Pflanze im Gewächshaus sehr gut gedeiht. Im botanischen Garten Les Cèdres de Saint-Jean-Cap-Ferrat konnte ich sie als

Erstes einsetzen. Die Wissenschaftler dort fragten sich zunächst, ob die Bewegungen nicht von den Luftströmen, die durch das Klatschen und Singen entstehen, stammen könnten. Zur Überprüfung ließen sie Musik aus einem Kofferradio neben der Pflanze spielen. Sie hat sofort getanzt!

Am Beispiel von *Codariocalyx motorius* sieht man, dass uns diejenigen Pflanzen besonders interessieren, die tierische Eigenschaften innehaben oder sogar Ähnlichkeiten mit uns Menschen. Im botanischen Garten von Saint-Jean-Cap-Ferrat ist das Gewächshaus mit den fleischfressenden Pflanzen zumindest immer sehr gut besucht.

Was bringt sie der Pflanze nun, diese erstaunliche Fähigkeit, ihre Blätter bei Geräuschen zu bewegen? Das ist immer noch ein Mysterium! Ich hätte gedacht, eine Pflanze hätte im Gegenteil eher Interesse daran, einem vorbeiziehenden Angreifer nicht aufzufallen und ganz stillzustehen.

Seit meinem Besuch in China 1989 hat man einiges zur *Codariocalyx motorius* herausgefunden. Forscher haben ein Phänomen nachgewiesen, das ich sehr amüsant und überraschend finde. Hält man die Pflanze sechs Monate lang im Stillen, so bewegt sie sich anschließend zu Musik oder Geräuschen nur langsam und wenig. Übt man mit ihr täglich, so tanzt sie immer mehr, wird zur Ballerina an der Barré. Diese Pflanze braucht das Training, und zwar im sportlichen Sinne, was zwangsläufig auf eine Art von Gedächtnis hinweist. Man ist heute noch weit davon entfernt, das Geheimnis der »tanzenden Pflanze« zu lüften, warum und wie sie sich in Bewegung versetzt. Es gibt zwei-

Übt man mit ihr täglich, so tanzt sie immer mehr, wird zur Ballerina an der Barré. Diese Pflanze braucht das Training im sportlichen Sinne, was zwangsläufig auf eine Art von Gedächtnis hinweist.

fellos einen Grund, denn dieser komplexe Mechanismus bedingt Klangrezeptoren. Eine Pflanze installiert einen solchen Mechanismus nicht grundlos, doch eben diesen Grund suchen wir noch. Übrigens ist *Codariocalyx* schon seit Langem bekannt: Charles Darwin selbst erwähnt sie lobend in seinen Beschreibungen in *The Power of Movements in Plants*, 1880[3]. Darwin wusste damals schon, dass sich diese Pflanze bewegt. Man glaubt häufig, die Wissenschaft baue auf Vorhergehendem auf, doch leider Gottes ist dem nicht so. Man entdeckt auch manches, was vorige Generationen schon erkannt und dokumentiert hatten, was jedoch zwischenzeitlich wieder in Vergessenheit geriet. Das passiert häufig in der Botanik, was mich traurig stimmt.
Eine wichtige Schlussfolgerung in puncto *Codariocalyx* ist noch zu ziehen: Diese empfindsame Pflanze kann Geräusche empfangen, und das ganz ohne Ohren.

3. *Das Bewegungsvermögen der Pflanzen*, Stuttgart, Schweizerbart, 1881.

DER WANDERNDE BAUM

Rhizophora mucronata Lam.
RHIZOPHORACEAE
Mangrove

LANDAUF, LANDAB sind Mangrovensümpfe die Gebiete im Regenwald, die am einfachsten aufgebaut und am besten erforscht sind. Nur wenige Baumarten können mit dem Meerwasser und den täglich wechselnden Gezeiten zurechtkommen. Mangrovenbäume zeichnen die niedrig gelegenen Küstenlandschaften der Tropen mit ihren gräulichen Silhouetten, die sich bis ins Unendliche wiederholen. Sie wachsen auf Stelzwurzeln in feinem Schlick. Stamm und Zweige wachsen vertikal nach oben, ohne jegliche Anzeichen von saisonalem Einfluss. Der Mangrovenbaum, der mit den Füßen tagein, tagaus im Salzwasser steht, kennt keine Trockenzeit, und sein Wachstum folgt aus diesem Grund auch keinem Rhythmus. Damit er in diesem weichen, unsteten Boden wachsen kann, der sauerstoffarm ist und regelmäßig von Meerwasser überflutet wird, hat der Mangrovenbaum geniale Strategien entwickelt: Seine Blätter können das Salz aus dem Meerwasser filtern und seine Luftwurzeln nehmen Sauerstoff auf.

In einem Mangrovensumpf kann man zwei Typen von Bäumen beobachten: Einmal diejenigen, deren Stamm aus dem Boden nach oben aus dem Samen herauswächst. Sie bewegen sich nicht vom Fleck. Und dann diejenigen, deren Stamm waagerecht am Boden aus einem tiefgelegenen Ast herauswächst: Das sind die »wandernden« Bäume! Um zu verstehen, was dabei alles vorgeht, muss man sich den Lebensanfang des Baumes ansehen. Ein Mangrovensamen keimt also, und es entwickelt sich ein kleiner Baum. Wenn dieser wächst, entstehen Stelzwurzeln, die dem Baum das Aufnehmen von Sauerstoff und einen sicheren Stand im Schlick erleichtern. In

Mangrovenbäume zeichnen die niedrig gelegenen Küstenlandschaften der Tropen mit ihren gräulichen Silhouetten, die sich bis ins Unendliche wiederholen. Sie wachsen auf Stelzwurzeln in feinem Schlick.

gewisser Weise ist dies ein Pfahlbaum. Je mehr die Mangrove wächst, desto mehr Stelzwurzeln bilden sich an ihren Zweigen aus. Zu einem gewissen Zeitpunkt brechen letztere ab, denn dann werden sie nicht mehr vom Stamm ernährt, sondern nur noch von den eigenen Wurzeln. Der Zweig, der direkt von den Wurzeln Nahrung erhält, benötigt den Stamm nicht mehr dafür und löst sich von ihm.

Das nennt man dann eine vegetative Vermehrung durch Absenkung. Das Erstaunlichste dabei ist jedoch, dass diese Zweige, einmal losgelassen, sich auf den Weg machen! Luftaufnahmen, die in jährlichem Abstand gemacht wurden, zeigen, dass diese Zweige sich jedes Jahr vier bis fünf Meter vorwärtsbewegen. Der tiefergelegte Zweig bricht in steter Bewegung Richtung Meer auf. Wenn seine Wurzeln schließlich nicht mehr bis auf den Grund reichen – er verliert seine Bodenhaftung! –, wandert er nicht mehr weiter.

Wandert dieser Baum tatsächlich? Wenn ich mich in Bewegung setze, verlagere ich meine gesamte Masse, doch hier ist das nicht der Fall. Vielmehr verleiht uns die Wachstumsart diese Illusion. Der Zweig stirbt an einem Ende ab, wächst am anderen aber weiter. Die Bewegung ist eigentlich das Wachstum, und zwar eines von vier bis fünf Metern jährlich.

Mangroven bilden eine häufig sehr dichte Heimat für Amphibien, die eine natürliche Grenze zwischen Wasser und Land ergibt. In tropischen Ländern, die häufig von Wirbelstürmen und schweren Gewittern heimgesucht werden, sind diese Wälder sehr hilfreich. Sie verringern die Schäden, die Wind und Wellen verursachen, sogar im Falle eines Tsunamis. Mangrovensümpfe schützen die Küstenlinie gegen Erosion, die vom Wellengang und den Meeresströmungen ausgelöst wird. Sie wandeln Kohlendioxid um wie jeder Wald auf der Erde. Außerdem beheimaten sie eine wichtige Meeresfauna.

Die Länder, die ihre Mangrovenwälder zur Tannin- oder Feuerholzgewinnung zerstört haben, ärgern sich bis heute schwarz. Glücklicherweise lässt sich dieser Tropenwald leicht wieder aufforsten, da wir viel über sein schnelles Wachstum wissen.

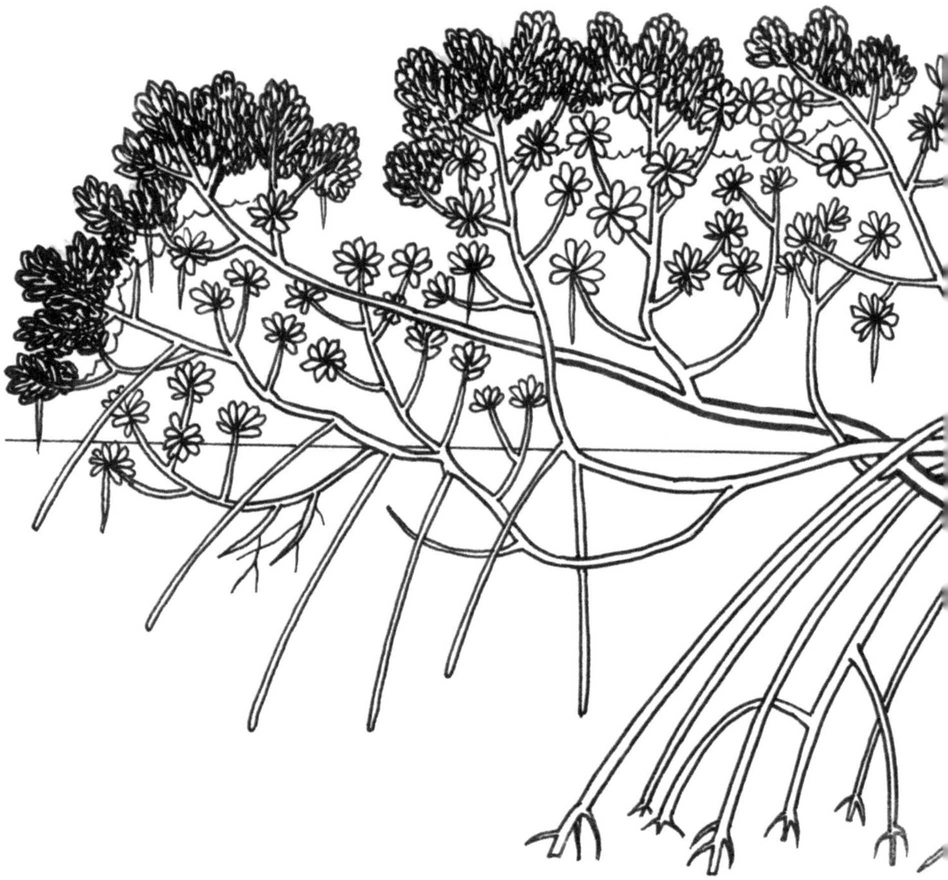

SPANISCHES MOOS

Tillandsia usneoides (L.) L.
BROMELIACEAE
Spanisches Moos, Louisianamoos

BEI DER TILLANDSIA unterscheidet man Blattstiele nicht von den Blättern. Sie besteht aus gräulichem Geflecht, das organisch-fadenförmig daherkommt. Es ist endlos verzweigt und mit Schuppen bedeckt. Das Ganze hängt von einem Zweig herab, wie ein langer Bart. Die Pflanze aus der Familie der Ananasgewächse (*Bromeliaceae*) ist ein Epiphyt, lebt also auf Zweigen großer Bäume, und liebt Sonne und Halbschatten. Sie gedeiht nicht, wenn die Luftfeuchtigkeit zu hoch ist, und besitzt ein erstaunliches Aussehen! Wenn es trocken ist, ist sie grau, regnet es, färbt sie sich grün. Sie besitzt keine Wurzeln; sie ernährt sich von Wasser, dass auf ihre Blätter herabfließt. Die Schuppen nehmen Wasser und Mineralien auf. Letztere werden in Form von Staub zu ihr getragen. Zwar ist sie wurzellos, doch dafür hat sie winzige Blüten, die in lebendigem Grün erstrahlen.

Spanisches Moos wächst und vermehrt sich sehr schnell, sodass es bald die Bäume eindeckt. Vögel bauen sich damit ihre Nester: Sie kappen ein Stück ab und integrieren es dort in ein Nest, wo das Spanische Moos schnell wuchert.

Diese Pflanze besitzt die Eigenschaft, ihr Leben stillstehen zu lassen, wenn es nicht regnet. Sie verlangsamt ihren Stoffwechsel und wartet ab. Dabei wird sie komplett grau. Regnet es schließlich, wird sie wieder grün und beginnt zu wachsen. Ein verlangsamter Stoffwechsel bedingt auch schlechte Atmung; es gibt nur sehr wenige Pflanzen, denen das gelingt. Man kann ein Stück der *Tillandsia* abschneiden und einige Monate lang in einer Schublade vergessen. Wenn man es dann herausnimmt, es wässert und mit Licht versorgt, wird die Pflanze wieder wachsen. Vergisst man sie länger als sechs Monate, wird sie sterben!

Sie ist beliebt in Lateinamerika und findet dort kreative Verwendung. Ihre Büsche ergeben ein weiches Material, das in getrocknetem Zustand Decken, Matratzen oder Kissen füllen kann. Man bedient sich ihrer ebenso zum Bau der Weihnachtskrippen. *Tillandsia* hatte sogar schon einen ehrenvollen Auftritt in der Wirtschaft, Anfang des 20. Jahrhunderts in Detroit, Michigan. Damals wurden die Sitze des gefeierten Ford T damit ausgestopft.

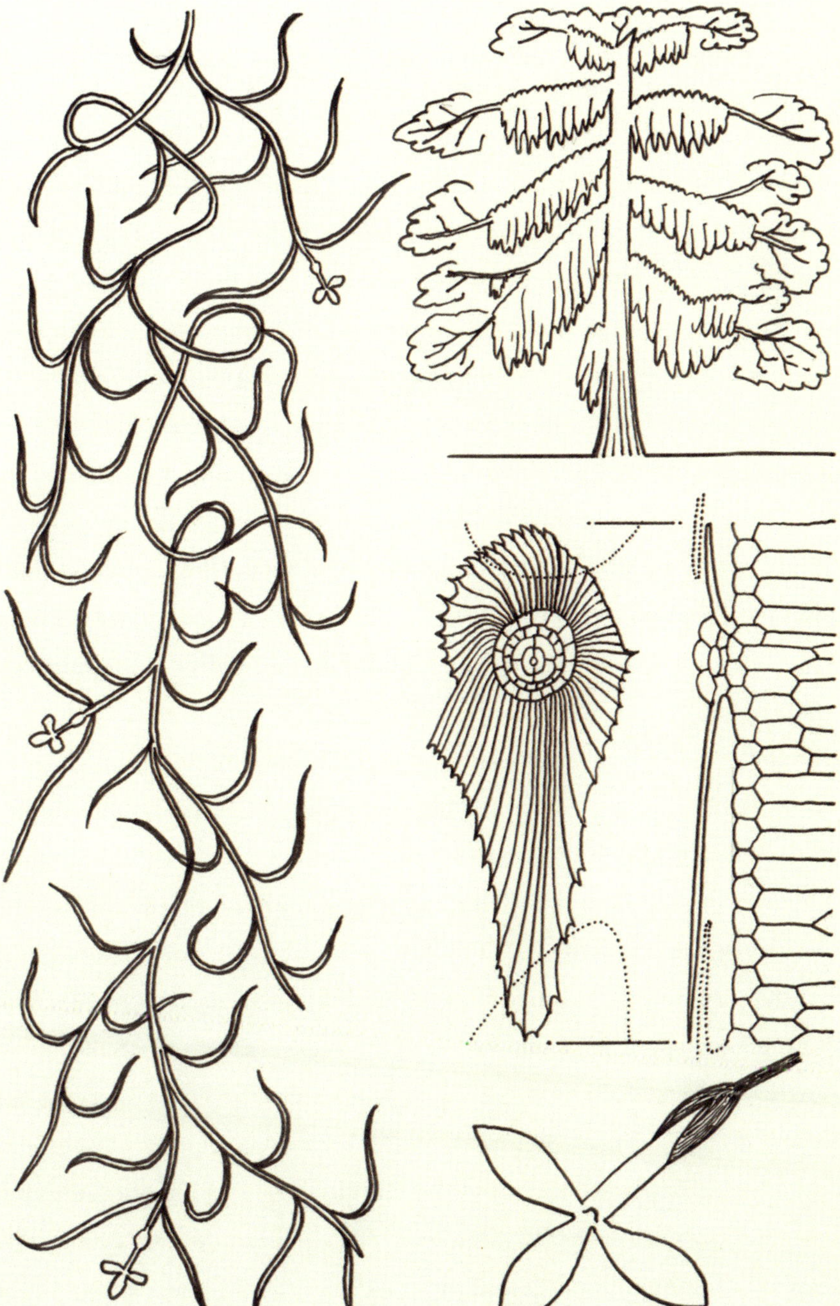

TEILZEITFLEISCHFRESSER

Triphyophyllum peltatum (Hutch. & Dalz.) Airy Shaw
DIONCOPHYLLACEAE
Dreifaltigblatt

DIESE PFLANZE IST SELTEN. Man muss schon einige Kilometer Regenwald durchqueren, um eine zu erblicken. Als ich mich um den botanischen Garten in Abidjan kümmerte, zog ich Keime aus den Samen der *Triphyophyllum peltatum* unter einem Moskitonetz als Treibhaus. Die Pflanze begann zu wachsen und bildete normale Blätter aus. Nach 40 Zentimetern Höhe wuchsen Blätter, die denen des Sonnentaus (*Drosera*) ähnelten, eine fleischfressende Pflanze in Europa. Die Blattspreite ist kleiner und die Blattadern sind von borstenähnlichen Drüsen bedeckt, die einen roten Klebstoff absondern, den Insekten für Nektar halten. Beim Sonnentau bleibt das Opfer kleben, die Pflanze verdaut es sogleich.

Da mir *Triphyophyllum* dem Sonnentau so ähnlich schien, setzte ich Mücken darauf. Doch die wurden nicht verdaut! Fleischfressende Pflanzen wachsen auf stickstoffarmem Boden. Stickstoff ist aber lebensnotwendig und die Pflanze muss eine andere Quelle auftun. Also aus tierischen Proteinen.

Man vermutet, dass *Triphyophyllum* nur Insekten frisst, wenn ihr Stickstoff fehlt. Meine Erde war stickstoffreich. Die klebrigen Blätter bildet sie, im Wechsel mit den normalen Blättern, doch sie nutzt sie nicht systematisch aus. Sie ist also ein Teilzeitfleischfresser!

Triphyophyllum offenbart noch andere Überraschungen: Ab 50 Zentimetern Höhe wird sie zur Liane und beginnt zu klettern. Dafür bildet sie eine dritte Art von Blättern. Sie sind mit zwei gebogenen Haken ausgestattet, die sich an den Trägerbaum hängen. Diese Blätter bringen sie bis zu Beginn der Baumkronen, wo die Pflanze erblüht. Die Blüten in Weiß oder Zartrosa sind unauffällig. Die Früchte ähneln kleinen fliegenden Untertassen, die der Wind verstreut. Die Pflanze wächst im Modell der Reiteration nach Oldeman (Wiederholung gleicher Teile); die Blätter sind also alle gleich geformt und wiederholen sich. In unseren Breitengraden wächst auch der Rebstock nach diesem Wiederholungsschema, genauso wie die Glyzinie, die durch das Fenster meines Arbeitszimmers dringt. Die muss ich von Zeit zu Zeit stutzen, denn sonst würde sie alles erobern!

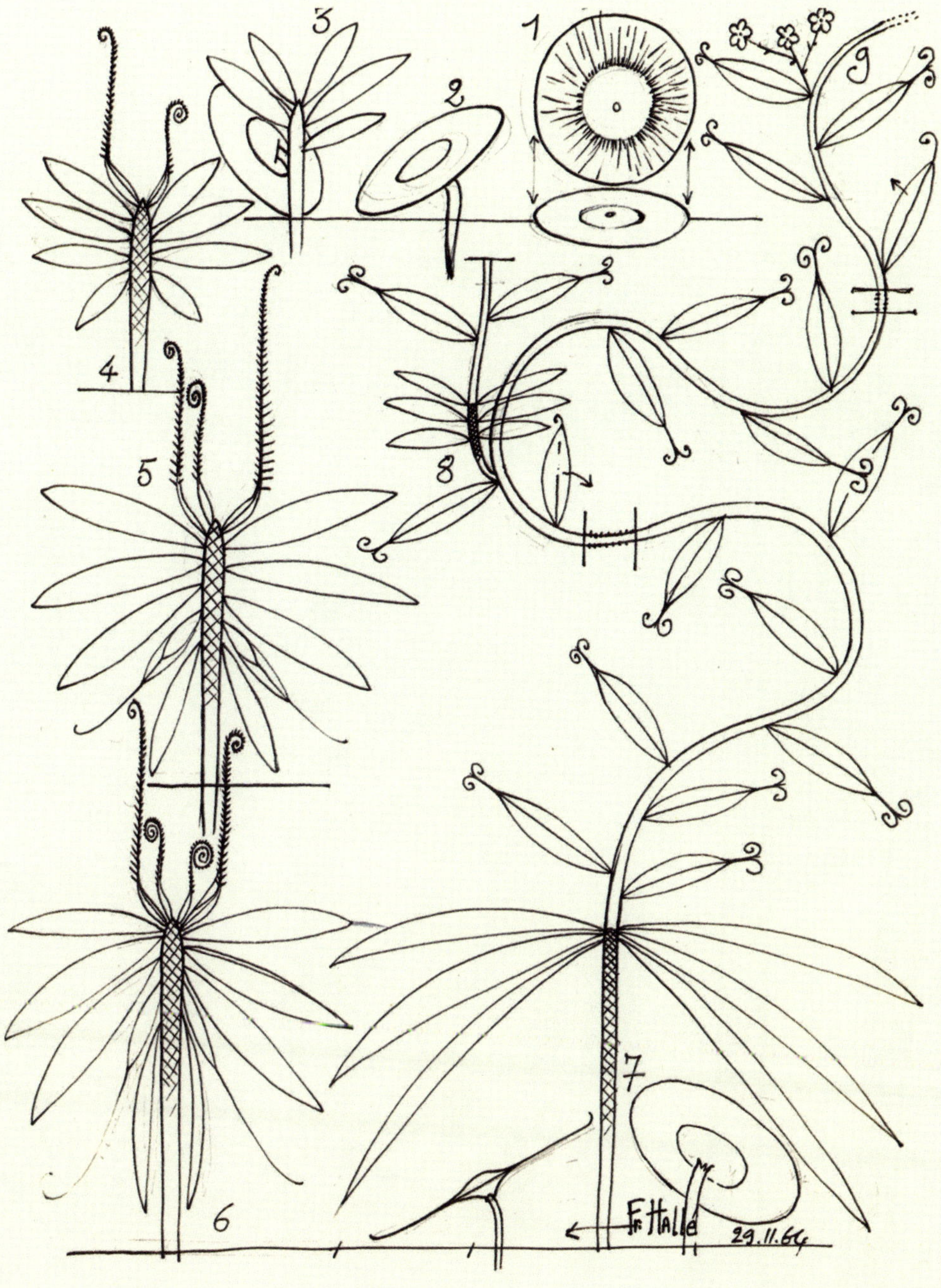

1
2
3
4
5
6
7
8
9
Fr. Hallé
29.11.64

KOEVOLUTION VON PFLANZEN & TIEREN

DIE KOLIBRI-LIANE

Marcgravia umbellata L.
MARCGRAVIACEAE

IN EINEM AMERIKANISCHEN Regenwald findet man mit Leichtigkeit Exemplare dieser *Marcgravia*. Das sind Hängelianen, die ich zum ersten Mal auf Guadeloupe gesehen habe, auf den Hängen des Vulkans Soufrière im Wald der Bains Jaunes.

Die junge Kletterpflanze kriecht über den Boden auf der Suche nach einem Trägerbaum. Erreicht sie den Fuß eines Stammes, macht sie sich mit ihren haftenden Wurzeln an den Aufstieg. Bei etwa drei Metern Höhe verzweigt sie sich und bildet laterale Äste aus, die horizontal wachsen. Sie entfernen sich vom Stamm und tragen große strahlende Blätter, die ganz anders als die Blätter der Jungpflanze aussehen. An dem Ende der Sprossachse, das in der Luft hängt, erscheinen Blüten. Die ringförmigen Blütenstände bestehen aus Nektarbehältern.

Am Fuße des Baumes wächst die Sprossachse weiter und löst sich schließlich vom Träger. Nun beginnt eine vegetative Vermehrung durch Stolonen (Ausläufer), also spezialisierte Blattstiele. Sie tragen keine funktionellen Blätter mehr, wachsen am Boden in die Horizontale, bilden Wurzeln aus und gehen erneut auf die Suche nach Stämmen, die es sich hochzuwachsen lohnt. *Marcgravia* kann bis zu zehn Bäume in ihrer Nähe bewachsen.

Die Kolibris laben sich am Nektar aus den Vertiefungen, in der Nacht tun es ihnen die Fledermäuse gleich. Ökologen haben gezeigt, dass *Marcgravia* eine Strategie entwickelt hat, um die Aufmerksamkeit letzterer zu gewinnen. Die Vertiefungen senden ein mächtiges Echo in alle Richtungen aus, ein akustisches Signal, das auf alle bestäubenden Fledertiere abzielt. So tut sich die Pflanze aus ihrer Nachbarschaft hervor.

Die Früchte der *Marcgravia* sind hübsch anzusehen: Unter einer braunen Schale, die sich in reifem Zustand öffnet, sieht man eine rötliche Plazenta, die schwarze Samen enthält. Vögel und Affen gieren gleichermaßen danach.

Mit ihren kletternden Stielen und ihren blühenden Achsen, die in der Luft hängen, mutet das Wachstum der *Marcgravia* sehr exotisch an. Unser Efeu wächst jedoch auf genau dieselbe Art und Weise.

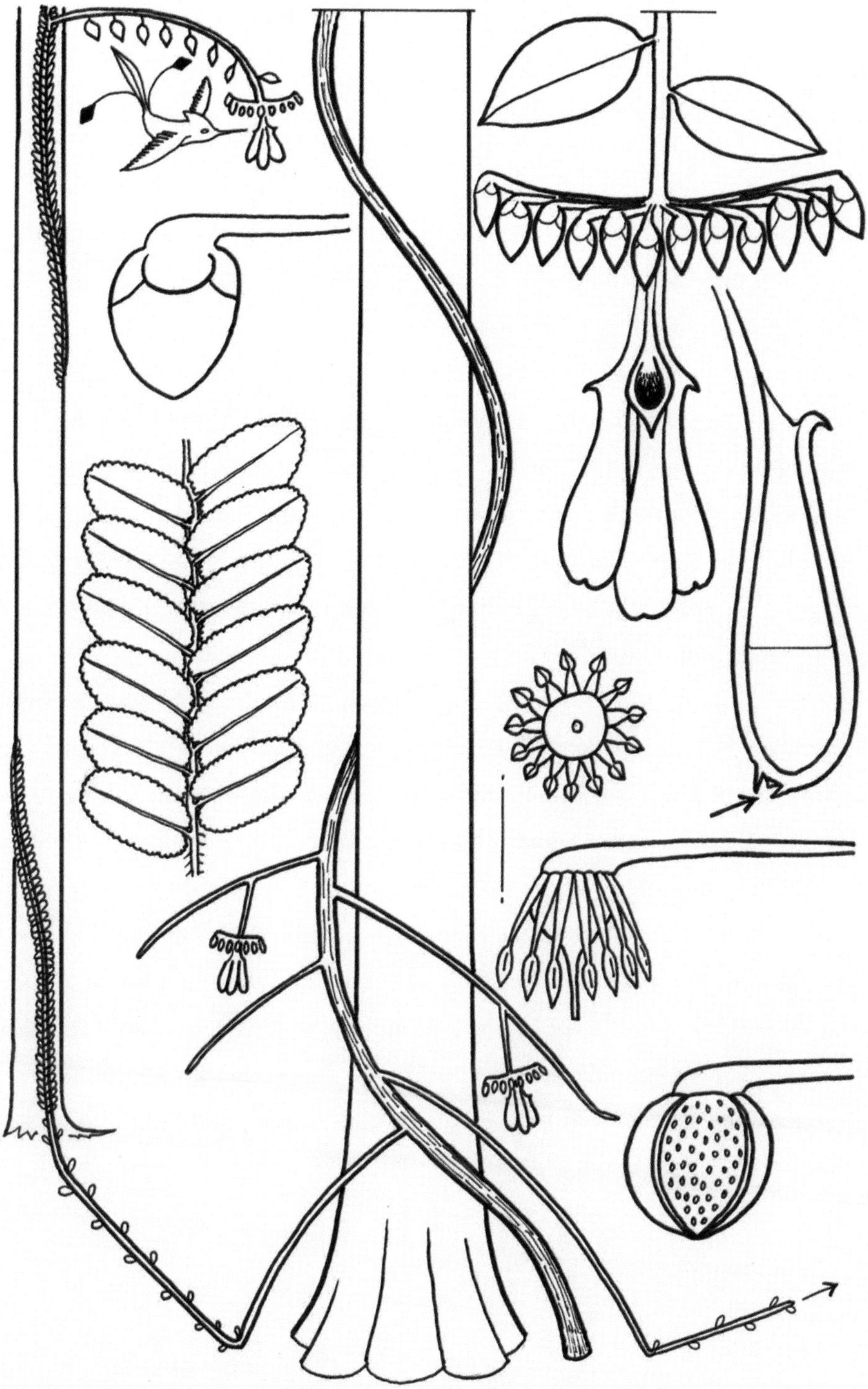

DER UNTREUEBAUM

Barteria fistulosa Mast.
PASSIFLORACEAE

DIESER KLEINE BAUM wächst am Straßen- und Wegesrand oder säumt Waldschneisen. Er ist in Gabun weitverbreitet, doch auch gefürchtet. Mit seinem aufrechten Stamm, den horizontal abgehenden Zweigen ohne besonderen Wuchsrhythmus, wie bei allen Passionsblumengewächsen (*Passifloraceae*), erscheint der Baum recht durchschnittlich. Nichtsdestotrotz ist er mit hübschen weißen Blüten gesegnet. Doch seine hohlen und zylindrisch geformten Zweige beherbergen unzählige Ameisen der Familie *Tetraponera*. Sie haben große, glatte Körper, sind sehr aggressiv und die Bisse stellen sich mitunter als brennend und gefährlich heraus. Sie können eine Ohnmacht hervorrufen und sogar zum Tod führen. Diese Ameisen halten sogar die Affen in Schach. Der kleine Baum flößt allerorts so viel Angst ein, dass es schwierig ist, jemanden zum Fällen zu finden!
Aus Sicht der *Barteria fistulosa* stellt die Symbiose mit den Ameisen einen unermesslichen Vorteil dar, denn sie sind hervorragende Wachen gegen Fressfeinde. Jedes Lebewesen, das in Kontakt mit dem Baum kommt, wird sofort mit Beißwerkzeug und Stacheln bestürmt. Wenn ein Mensch sich dem Stamm bis auf einige Dezimeter nähert, lassen sich die Ameisen zum Angriff von den Zweigen fallen. Im Gegenzug für diesen effizienten Schutz genießen die Ameisen den Nektar der Blüten und Logis in den hohlen Zweigen.
Die einheimischen Völker kennen die Angst vor diesen Ameisen seit langer Zeit. Früher wurde *Barteria fistulosa* in Gabun und Kamerun zur Strafe von untreuen Frauen genutzt. Man musste nur die Schuldige an den Stamm des Baumes binden. Durch die wütenden Ameisen erlitt die Frau fürchterliche Qualen. Eine ähnlich furchtbare Tortur für Menschen ist mir nicht bekannt.

VORZEIGEBEISPIEL KOEVOLUTION

Cecropia peltata L.
URTICACEAE
Ameisenbaum

DIESER STELZENBAUM gehört zur Familie der Brennnesselgewächse (*Urticaceae*), verletzt die Haut jedoch nicht. Hat er diese Fähigkeit verloren oder nicht ausgebildet? Damit seine Schwäche den Fressfeinden gegenüber nicht ins Auge fällt, hat er eine Symbiose mit den äußerst kriegerischen Ameisen der Gattung *Azteca* erschaffen. Deren Bisse sind äußerst schmerzhaft!

Cecropia peltata wächst in den ersten Monaten ohne Partner und beginnt anschließend mit der Produktion von falschen Ameiseneiern an der Unterseite ihrer Blätter. Es gelingt ihr eine perfekte Reproduktion von Form, Gewicht und der Biochemie eines Ameiseneis. Das übt eine unwiderstehliche Anziehungskraft auf die *Azteca* aus. Diese stürzen sich auf die Eier, und da der Stamm sowie die Zweige der *Cecropia* hohl sind, gelangen sie nach nur wenigen Bissen in das Innere des Baumes. Schnell richtet sich eine Königin ein und produziert dann echte Eier.

Diese Symbiose ist Vorzeigebeispiel für eine Koevolution von Pflanze und Tier: Die Ameise findet Zuflucht und der Baum Verteidigung. Wenn ein Feind seine Blätter angreift, strömen die aggressiven Ameisen zu Tausenden hervor und verjagen den Angreifer. Ebenso, wenn ein Schmetterling seine Larven ablegen will. Die Ameisen stürzen die Raupen zu Boden. Auch ein Pflanzenforscher, der eine Stichprobe nehmen will, wird sofort von den *Azteca* gebissen! Manchmal sieht man junge *Cecropia*, deren Blätter durchlöchert sind: Sie konnten noch keine Ameisen für sich gewinnen; diese Pflanzen werden nicht lange überleben. Seltsamerweise verschonen die *Azteca*-Ameisen das Faultier, dieses große, auf Bäumen lebende Säugetier aus den südamerikanischen Wäldern. Weil es von sehr harten Borsten bedeckt ist und somit keinen Angriffspunkt bietet? Zumindest ernährt sich das Faultier von Blättern der *Cecropia*.

Manchmal sieht man auch Ameisennester anderer Arten in den Ameisenbäumen, was überraschend ist, doch die *Azteca* lassen sie in Frieden. Diese kleinen und harmlosen

Ameisen kauen Pflanzliches und produzieren eine Art Kartonage, mit der sie ihren Bau konstruieren. In diese Masse integrieren sie Samen, die problemlos keimen, sodass sie gleichzeitig einen »Ameisengarten« bauen.

Wie können diese Pflanzen – es geht immer noch um den Ameisenbaum – den kleinen Ameisen von Nutzen sein? Letztere kann man schwerlich befragen, doch für einige Pflanzen haben wir das Ganze durchschaut. So dienen etwa die großen Blätter der Aronstabgewächse (*Araceae*) als Regenschirme, was für ein Nest aus Karton im Tropenregen sehr nützlich ist! Andere Pflanzen verstärken die Wände des Nests mit ihrem Wurzelsystem, wieder andere produzieren Früchte, von denen sich die Ameisen ernähren. Diese Nester bestehen niemals für lange Zeit, doch die »Ameisengärten« bleiben bestehen und die dortigen Pflanzen wachsen auf den höheren Zweigen der *Cecropia* zu großen Büscheln heran. Fledermäuse gieren nach den Früchten des Baums, die sie im Fluge pflücken. Da ihre Verdauung nur wenige Minuten benötigt, scheiden sie die Reste noch im Flug aus. Der Wald wird so mit Exkrementen der Fledermaus bombardiert, die voller Samen stecken. *Cecropia peltata* sticht übrigens durch ihre Unmengen an Samen hervor, die sich stets am Boden finden. Man schätzt, dass sich etwa 20 Stück auf einen Quadratmeter verteilen.

Die Samen keimen, sind jedoch zu zahlreich, als dass aus jedem von ihnen ein großer Baum erwachsen könnte. Es handelt sich um natürliche Selektion, die aus menschlicher Sicht komplett unmoralisch wäre! Auch hier gibt es Exemplare, die genetisch besser ausgestattet sind als andere: Diese wachsen schneller und übernehmen die Wurzelsysteme der Nachzügler. Die genetisch weniger gesegneten Exemplare sterben auf Bodenhöhe ab, doch ihre Wurzeln bleiben am Leben und fangen Wasser für die Bessergestellten auf. So wird das gesamte Wasser, das von den Kleinen aufgefangen wurde, an die Großen weitergeleitet. Es ist nachvollziehbar, warum die *Cecropia* so stark ist!

DAS HÄNGENDE AQUARIUM

Guzmania lingulata (L.) Mez
BROMELIACEAE

DIE »HÄNGENDEN AQUARIEN« sind eines der Wunder im südamerikanischen Regenwald. Man findet diese Epiphyten auf den großen Bäumen des Waldes am besten Sonnenplatz, in den Baumwipfeln. Von unten kann man die *Guzmania* kaum erkennen und es ist unvorstellbar, was sich oben abspielt! Diese Pflanzen konnten so weit oben wachsen, weil ihre unzähligen, staubfeinen Samen vom Wind hinaufgepustet wurden.
Die Blätter stehen aufrecht und so aneinandergepresst, dass sie ein Auffangbecken für Regenwasser abgeben. *Guzmania* ist sozusagen der Niederschlagsmesser in einem Wald, in dem es kaum drei aufeinanderfolgende Tage ohne Regen gibt. Die Pflanze füllt sich bei jedem Gewitter voll auf und kann bis zu 20 Liter Wasser aufnehmen. Das verdunstet dann wieder, was in voller Tropensonne sehr schnell gehen kann. Dank des Regens verfügt dieser Epiphyt trotz seiner Distanz zum Boden über einen großen Wasservorrat.
Im Inneren dieses Aquariums entfaltet sich mitten im Sonnenlicht ein eigenes Ökosystem: Frösche, Schnecken, kleine Garnelen, Insektenlarven und sogar Krebse kann man in diesen *Bromeliaceae* finden. Ebenso eine fleischfressende Wasserpflanze, *Utricularia reniformis*. Am Boden unter der *Guzmania* sammelt sich das Laub als Nährboden für andere Tiere: Skorpione, Tausendfüßler, Schaben, Termiten und sogar eine Blindschlangengattung, *Geophis*.
Einige Autoren schreiben, dass die Pflanze während ihrer Blüte zum Fleischfresser wird und ihre Fauna dafür tötet, dass ihr Blütenstand aus ihrem Becken hervorkommen kann. Ich hege Zweifel, denn das wäre die erste fleischfressende einkeimblättrige Pflanze. Um das zu überprüfen, müsste man die Pflanze in einem Gewächshaus beobachten und die Biochemie des Wassers analysieren. Würde man dann ein Verdauungsenzym antreffen, wäre das der Beweis dafür, dass die Pflanze zum Fleischfresser geworden ist. Doch diese Analyse ist schwierig, denn *Guzmania* sitzt eben in den Baumkronen.
Wir sehen jedoch, dass Baumkronen außergewöhnliche Lebensräume im Regenwald sind. Wir stehen erst am Anfang unserer Forschungen über dieses vielseitige Ökosystem.

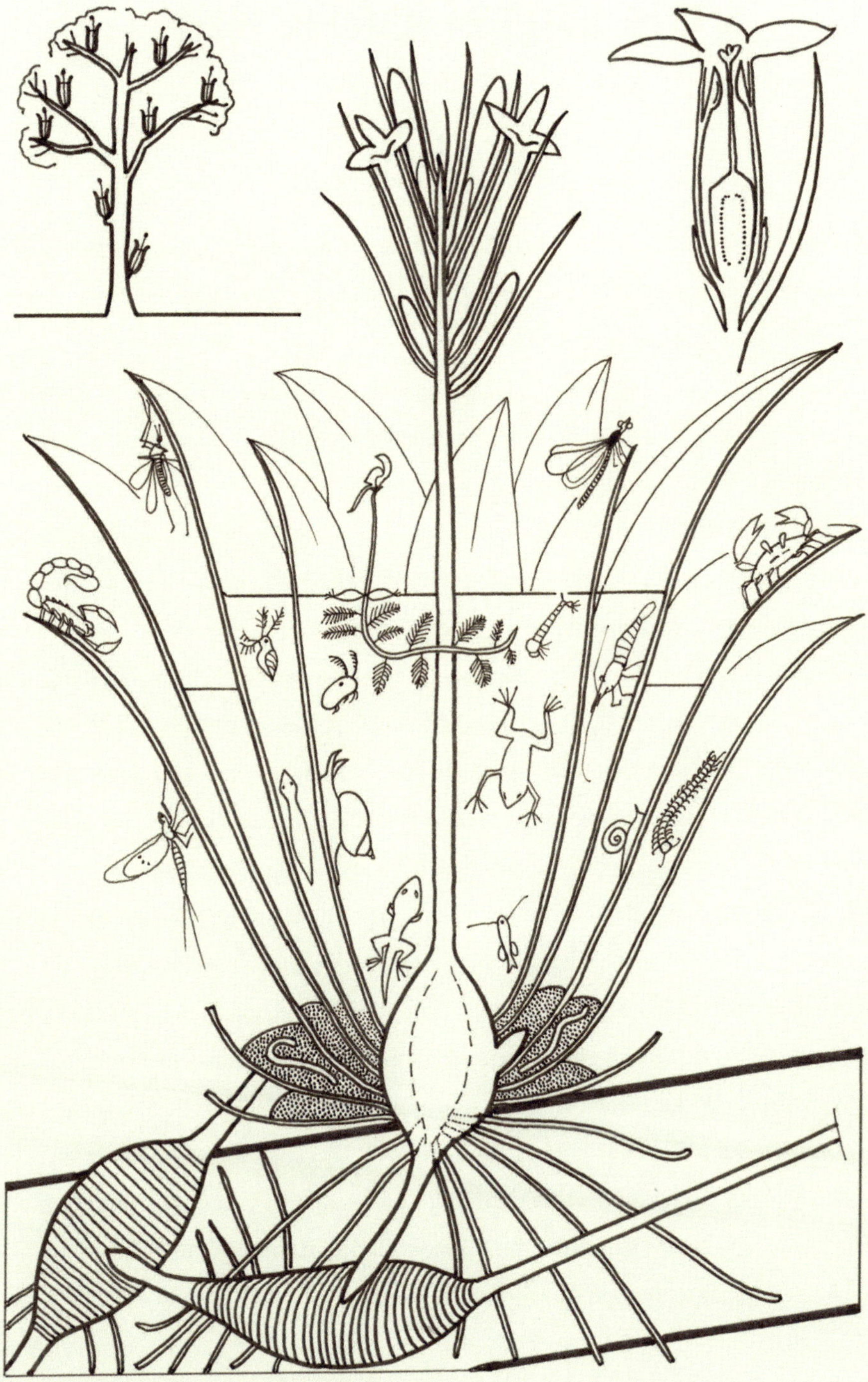

STICKSTOFFDÜNGER VOM SPITZHÖRNCHEN

Nepenthes lowii Hook. F.
NEPENTHACEAE
Kannenpflanze

NEPENTHES SIND FLEISCHFRESSENDE Pflanzen, die ein originelles Beutesystem besitzen. Außerdem stechen sie durch ihre besondere Beziehung zu bestimmten Insektenarten oder sogar kleinen Nagetieren hervor.

Nepenthes wurden 1658 zum ersten Mal von Étienne de Flacourt beobachtet, seines Zeichens Gouverneur von Madagaskar. Er beschrieb sie als fremdartige Pflanzen, die »am Blattanfang vasenähnliche Blüten oder Früchte tragen«[4].

Carl von Linné benannte diese tropische Pflanze 1737 und nahm damit Bezug auf die *Odyssee*, wo Helena sich der Droge Nepenthes im Wein bedient, um die Wachsamkeit ihrer Gastgeber zu mildern. Nachdem er die Gattung benannt hatte, war sich Linné gar nicht mehr so sicher, dass es sich um eine fleischfressende Pflanze handelte. Er behauptete, die Kannen enthielten nur Regenwasser. Doch die fleischfressenden Eigenschaften der Pflanze wurden schließlich von Charles Darwin und Joseph D. Hooker, damaliger Direktor des Königlichen Botanischen Gartens von Kew, bewiesen und im *Gardener Chronicle* 1874 veröffentlicht.

Nepenthes wachsen auf stickstoffarmen Böden, etwa an Straßenböschungen oder auf Berggipfeln. Stickstoff ist essenziell für ihr Wachstum, also mussten diese Pflanzen »Insektenfallen« entwickeln. Am einfachsten lässt sich Stickstoff aus Tieren verstoffwechseln.

Am Fuß eines jeden Blattes der *Nepenthes* entwächst eine lange Ranke, an deren Ende sich eine große, zunächst mit einem wasserdichten Deckel verschlossene Kanne befindet. Wenn sich dieser Deckel öffnet, wird die Kanne zu einer glitschigen und tödlichen Falle. Am Boden der Kanne produzieren Drüsen eine Art Magensaft zu Verdauungszwecken. Diese Kanne ist gefüllt mit toten Insekten, Ameisen, Spinnen, Fliegen, Wespen. Sie werden angelockt von dem zauberhaften Rot der Kannenöffnung, dann rutschen sie aus und fallen in den Magensaft. Dort werden sie sehr schnell verdaut.

4. *Histoire de la Grande Isle Madagascar*, online bei gallica.bnf.fr.

Nepenthes lowii Hook. F.[5], die in den malaiischen Bergen unterhalb von 2000 Metern anzutreffen sind, arbeiten auf eine andere Art und Weise. Ihre Kannen sehen aus wie Klosettschüsseln an einem robusten Stiel und einer vertikalen Abdeckung, die weit geöffnet ist. Die Öffnung ist also viel größer als bei den anderen *Nepenthes*. Im Inneren dieser Kanne erkennt man im Magensaft die Exkremente von Tieren. Der Deckel ist mit kleinen Drüsen ausgestattet, die gezuckerte Fettstoffe absondern, worauf es die Hochland-Spitzhörnchen (*Tupaia montana*) abgesehen haben. Nun geht etwas Kurioses vonstatten: Wenn das verfressene Spitzhörnchen sich zum Futtern hinsetzt, fährt es mit der Nase über den Deckel und erleichtert sich während der Nahrungsaufnahme. Über die Exkremente besorgt sich die Pflanze den benötigten Stickstoff. Je höher die Lage, desto weniger Insekten gibt es; diese *Nepenthes* hat sich also eine andere Art der Stickstoffversorgung gesichert!
Wie ist diese Anpassung vonstattengegangen? Wie ist eine Pflanze in der Lage, die Stickstoffquelle zu wechseln? Das wissen wir noch nicht, doch diese ausgeklügelten Techniken lassen uns erkennen, dass wir die Pflanzen immer noch sehr schlecht verstehen.

5. Charles M. Clarke et *al.*, »Tree shrew lavatories: a nove nitrogen sequestration strategy in a tropical pitcher plant«, *Biology letters*, 10. Juni 2009.

Am Fuß eines jeden Blattes der Nepenthes *entwächst eine lange Ranke, an deren Ende sich eine große, zunächst mit einem wasserdichten Deckel verschlossene Kanne befindet. Wenn sich dieser Deckel öffnet, wird die Kanne zu einer glitschigen und tödlichen Falle. Am Boden der Kanne produzieren Drüsen eine Art Magensaft zu Verdauungszwecken. Diese Kanne ist gefüllt mit toten Insekten, Ameisen, Spinnen, Fliegen, Wespen. Sie werden angelockt von dem zauberhaften Rot der Kannenöffnung, dann rutschen sie aus und fallen in den Magensaft. Dort werden sie sehr schnell verdaut.*

PFLANZE ODER AMEISENBAU?

Myrmecodia
RUBIACEAE
Ameisenknolle

IM JAHR 1999 NAHM ICH an einer Expedition unter Alain Conan teil. Wir führten Unterwasser-Ausgrabungen durch und suchten nach Spuren der Schiffe von Jean-François de La Pérouse, namentlich der Astrolabe und der Boussole. Beide hatten 1788 auf dem Riff vor der Insel Vanikoro, Teil der Salomon-Inseln, Schiffbruch erlitten.

Ich übernahm die Rolle des Botanikers, der damals La Pérouse begleitet hatte. La Martinière war ein junger Mann von 27 Jahren gewesen, der davon geträumt hatte, die Arbeit von Naturforschern, die die Welt erkundeten, zu verfolgen. Ich sollte Pflanzenproben nehmen. La Martinière hatte davon Unmengen während seiner Weltreise gesammelt, doch alles war mit untergegangen. Er hatte auch Samen von europäischen Pflanzen mitgebracht und versucht, sie im Südwestpazifik zu akklimatisieren. Hatten einige davon auf Vanikoro überlebt? Ich entdeckte keine einzige.

In den Kisten, die bei der Expedition geborgen wurden, fand sich kein Herbarium, dafür Navigationsgeräte, Thermometer, Silberbesteck mit eingraviertem Wappen des Kapitäns des zweiten Schiffs der La-Pérouse-Expedition, Paul Fleuriot de Langle. Ich fertigte eine Zeichnung dieser Wappen an, die wir an eine Nachfahrin des Kapitäns sandten. Die alte Dame lebt in Hyères und war sehr bewegt, denn sie hatte kein Erinnerungsstück von ihrem Ahnen.

Während meiner Pflanzenerkundungen auf Vanikoro entdeckte ich *Myrmecodia*, seltsame graue Knollen, die in Hülle und Fülle von den Zweigen der Bäume des Küstenwaldes hingen. Ich fragte meinen melanesischen Begleiter, wie sie diese Pflanzen nannten. »Monsieur, mit Verlaub, das sind die Teufelseier!«, antwortete er mir.

Diese Rötegewächse (*Rubiaceae*) kannte ich schon, sie sind in jedem Werk über Tropenpflanzen zu finden. In zahlreichen Gewächshäusern Europas wachsen Exemplare, etwa im botanischen Garten von Nantes oder Brüssel. Es sind Epiphyten (Aufsitzerpflanzen), sie hängen also an einem Baum, doch es handelt sich nicht um Parasiten, denn sie fügen dem Trägerbaum keinen Schaden zu.

Myrmecodia keimt nicht im Boden, doch sie kann sich auf jedem beliebigen Baum ansiedeln. Ihre Knollen sehen wie Kartoffeln aus, auch die Farbe, die Konsistenz und der Geschmack sind ähnlich. Schneidet man eine Knolle auf, so erkennt man, dass es sich um einen Ameisenbau handelt. Kleine friedfertige Ameisen wuseln durch ein Netz aus Tunneln in der dicken Knolle. Diese Ameisen sind so winzig, dass sie den starken Regenfällen auf Vanikoro erlegen wären. Die Zugänge zum Ameisenbau sind im unteren Teil der Knolle, sodass der Regen die Gänge nicht überfluten kann.

Einige Gänge liegen an der Oberfläche und erhalten so mehr Luft. Dort legen die Ameisen ihre Eier ab und ziehen die Larven groß. In anderen, tiefer liegenden Sackgassen, wo sich Warzen an den Wänden gebildet haben, sammeln die Ameisen ihre Toten und Ausscheidungen. Dort entsteht ein mineral- und stickstoffreicher Bereich. Die Aufgabe der Ameisen besteht also nicht in der Verteidigung. Vielmehr schaffen sie einen Kompost, dessen Nährstoffe die Pflanze mithilfe der warzenartigen Ausbuchtungen absorbiert. Dass *Myrmecodia* Mineralien aus ihrem Inneren aufnimmt, lässt sie eher wie ein Tier als eine Pflanze erscheinen! Und handelt es sich um eine Pflanze oder um einen Ameisenbau? Hier liegt eine Symbiose vor: Die Ameisen sorgen für den Nährboden, die Pflanze gewährt ihnen Logis. Die Gänge müssen nur bezogen werden, denn sie sind schon in der Pflanze enthalten. In einem Gewächshaus keimen die Samen dieser Pflanze und ergeben auch ohne Ameisen ein durchtunneltes Inneres. Doch ohne internen Nährboden gedeihen die Pflanzen schlecht. Doch *Myrmecodia* werfen dazu komplexere Fragestellungen bezüglich der Evolution auf, die sich bei der Forschung im Regenwald ergeben: Welche früheren Zwischenfälle haben die Ameisen zu der Ameisenknolle gebracht? Kann der Austausch von Genen erklären, dass ein pflanzlicher Organismus tierische Eigenschaften aufweist?

Klar ist: Die Wälder Melanesiens bergen viele seltsame Dinge, die wir entdecken müssen. Darunter auch solche, die zur fundamentalen Auffassung von Biologie gehören.

x60

BIOLOGISCH EINZIGARTIG

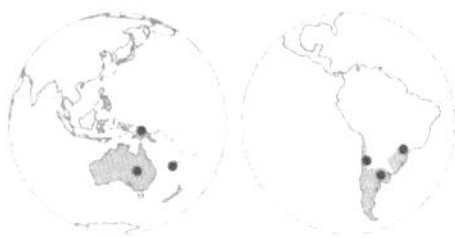

NEUKALEDONIEN · AUSTRALIEN · NEUGUINEA
ARGENTINIEN · SÜDBRASILIEN · CHILE

ÜBERLEBENDER AUS DER JURAZEIT

Araucaria Juss.
ARAUCARIACEAE
Araukarien

MIT EINEM EXAKT gleichmäßigen Bau, ihrer großen Höhe – sie können bis zu 90 Meter hoch wachsen – und der dunklen, fast schwarzen Färbung ihrer Baumkronen sind diese Koniferen von der Südhalbkugel auffallende und ausnahmslose Schönheiten. Aufrecht, riesig und dicht nebeneinanderstehend geben sie auf jeden Fall ein beeindruckendes Bild ab.

Araucaria wächst in die Höhe ohne Wiederholungen in ihrem Wuchs. Aus dieser einfachen Gegebenheit, dieser geometrischen Tatsache, resultiert ihr hoheitlicher und gefälliger Anblick. Kein anderer »moderner« Baum wächst nach diesem Schema. *Araucariae* sind Nachweise einer sehr alten Ära in der Erdgeschichte: Sie sind Überlebende aus der Zeit der Dinosaurier, des Juras, vor 150 Millionen Jahren.

Abgesehen von ihrer Ästhetik können einige *Araucariae* noch mit einer sicherlich originellen Silhouette punkten. So stapelt die Art *Araucaria hunsteinii* K. Schum. aus Neuguinea etwa zwei bis fünf Baumkronen übereinander. Diese bilden sich zunächst am unteren Stamm und wachsen dann mit ihm in die Höhe. Die Zweige verästeln sich etagenweise und jedes Jahr kommt eine Schicht dazu. So lässt sich das Alter dieser Bäume ganz einfach ablesen.

> *Von den 19 Arten der* Araucaria, *die weltweit bekannt sind, sind 13 auf Neukaledonien endemisch. Darunter auch eine Art, die 1774 von Kapitän Cook und seinen beiden Pflanzenforschern an Bord, Sohn und Vater Forster, entdeckt wurde.*

Von den 19 Arten der *Araucaria*, die weltweit bekannt sind, sind 13 auf Neukaledonien endemisch. Darunter auch *Araucaria columnaris* (G. Forst) Hook., die 1774 von Kapitän Cook und seinen beiden Pflanzenforschern an Bord, Sohn und Vater Forster, entdeckt wurde. Als sie diese Bäume von weiter Ferne entdeckten, waren sie von ihrer ungewöhnlichen Form hingerissen. »Wir konnten diese

Objekte nicht zuordnen«, notierte Cook. Sie hielten sie von fern zunächst für riesige Basaltformen, dann für Pinien. Sie tauften diese Insel, die sich ganz in der Nähe Neukaledoniens befindet, Pinieninsel.

In Westfrankreich und in Großbritannien kann man leicht eine der schönsten *Araucaria* antreffen, die chilenische Art *Araucaria araucana* (Molina) K. Koch. Die Bretonen nennen sie »Verzweiflung der Affen«, denn ihre stacheligen Blätter, die auch den Stamm bedecken, könnten selbst diese Kletterkünstler nicht erklimmen. Dieser Ausdruck lässt die chilenischen Förster lächeln, denn in Chile gibt es keine Affen. Niemals werde ich den Anblick eines Waldes von *Araucaria araucana* auf einem chilenischen Berg nach einem Sturm vergessen: Sie sahen aus wie eine Herde schneebedeckter großer Tiere, die sich einander untergehakt hatten, um dem Sturm zu trotzen.

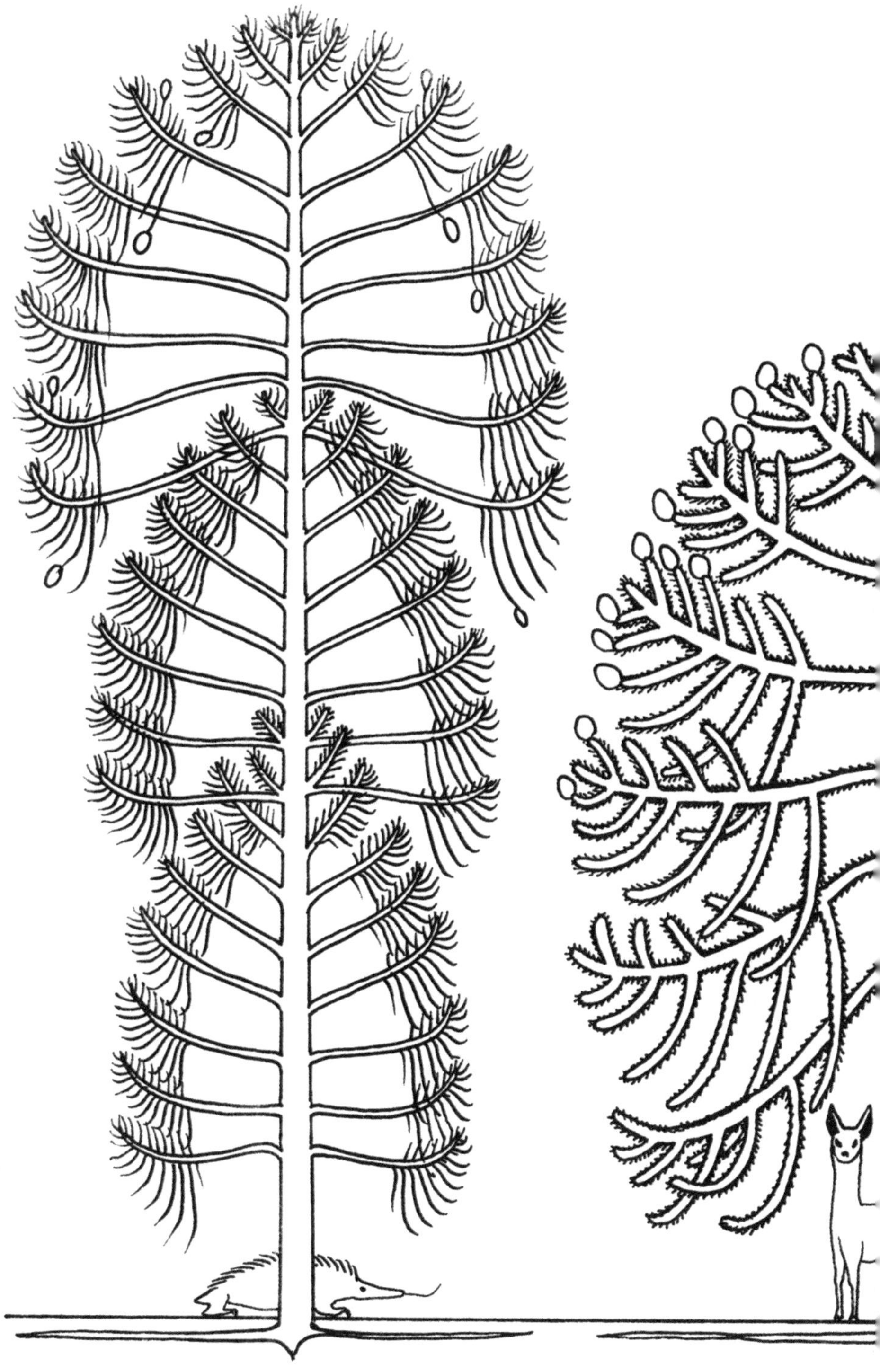

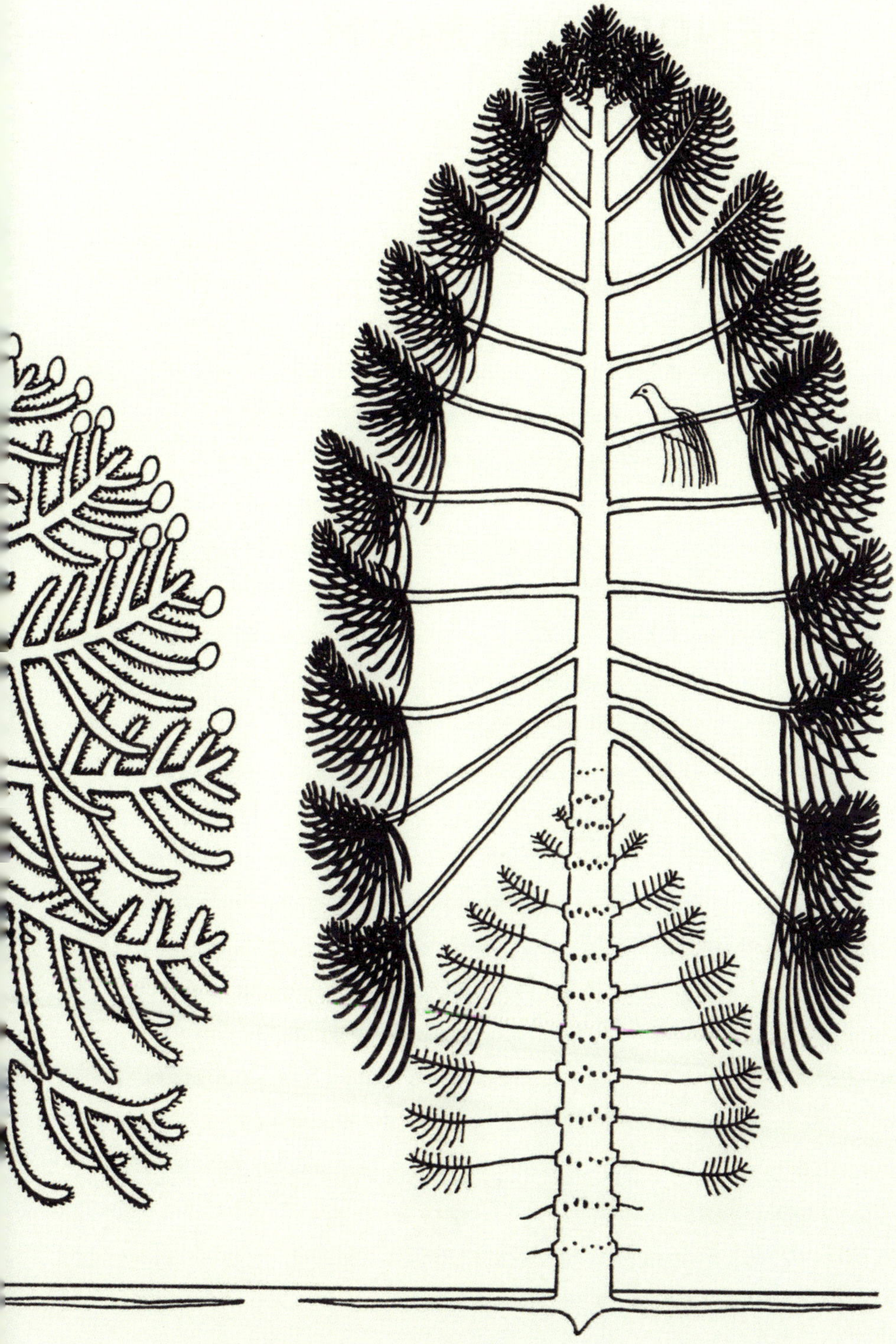

EIN WASSER-SPENDENDER BAUM

Ocotea foetens (Aiton) Baill.
LAURACEAE
Stinkender Lorbeer, Garoé

AUF EL HIERRO, einer kleinen kargen Insel der Kanarischen Inseln, regnet es so gut wie nie. Mehr als 200 Tage im Jahr hängt jedoch eine Wolkendecke über dem Hochland. Und es gibt einen Baum, der aus Nebelwolken Wasser ziehen kann: der Stinkende Lorbeer. Er sieht aus wie ein normaler Lorbeerstrauch; wenn feuchte Luft seine Blätter erreicht, kondensiert sie. Dicke Tropfen platschen auf den Boden. Es regnet unter dem Baum!

Dieses Phänomen wurde erstmals im 16. Jahrhundert erwähnt, bei der Eroberung der Kanarischen Inseln durch die Konquistadoren. Bartolomé de Las Casas schrieb in seiner *Historia de las Indias* von 1559: »Über diesem Baum hängt stets eine kleine Wolke. Der Garoé lässt Wassertropfen herabregnen, die von Menschen zu einem einfachen Brunnen geleitet werden, sodass Mensch und Tier während extremer Trockenzeiten überleben können.«

Antonio Pigafetta, Chronist von Magellans Reisen (*Die erste Reise um die Erde*), drückte sich 1563 so aus: »Auf El Hierro gibt es nicht einen einzigen Regentropfen, doch um die Mittagszeit senkt sich eine Wolke auf einen großen Baum herab, der mithilfe seiner Blätter und Zweige eine große Wassermenge auffängt.«

Eine Radierung von 1748 (siehe Seite 106) zeigt die Guanchen, Ureinwohner der Insel, die sich zum Waschen unter diesem Baum versammelt haben. Sie nannten ihn *garoé* in ihrer Sprache. Auf der Radierung sieht man, dass die Guanchen ein Wasserauffangsystem aus Rinnen gebaut haben, das direkt in ihr Dorf führte. Dieser Baum war wahrscheinlich mehrere Jahrhunderte alt, als er 1610 bei einem Sturm entwurzelt wurde. Die Guanchen verehrten diesen Baum, der das Wasser aus Nebelschwaden kondensieren kann, auf besondere Art und Weise. Er ermöglichte ihnen die Landwirtschaft trotz eines sehr geringen Niederschlags. Als der *garoé* verschwand, starb auch die Kultur der Guanchen aus.

El Hierro hat sich später wieder auf sein Baumwahrzeichen besonnen. Die Geschichte erneuerte sich 1948 anlässlich einer großen Dürre. Der Förster der Insel Don Zósimo Hernández Martin (1920–2004), in Ökologie und Volksüberlieferungen belesen, zog an der alten

Ocotea foetens (Spreng.) Baill.   LAURACEAE

= Oreodaphne foetens Nees

31/79

~~19 V 77~~ 26 mai 1977

Villa Thuret - Iles Canaries

Wuchsstelle einen neuen Lorbeerbaum. Und das Nebelkondenswasser wurde wiederum in den alten Brunnen der Kolonialzeit aufgefangen.

In den 1960er-Jahren ließ Don Zósimo Stinkenden Lorbeer entlang des Pilgerwegs auf der Insel pflanzen. Unterhalb der Bäume stellte man Tränken für das Vieh auf. Auch seine Wiederaufforstung mit einheimischen Pflanzen hat dazu beigetragen, dass El Hierro 2000 von der UNESCO zum Biosphärenreservat erklärt wurde. *Ocotea foetens* ist nicht der einzige Kondensbaum auf El Hierro; man findet auch andere Lorbeerarten, Wacholder, Pinienbäume … Im Sultanat von Oman übernehmen Olivenbäume die Kondensation, im Norden Chiles die *Tara spinosa* (Molina) Britton & Rose (aus der Hülsenfruchtfamilie). Ob ein Baum Wasser kondensiert, hängt nicht von seiner Art, sondern von seinem Standort ab. Idealerweise steht er auf einer Passhöhe, wohin die Passatwinde Nebel vom Meer aufs Land drücken.

Der sagenumwobene *garoé* von El Hierro ist heute Inspiration für alle, die aus Nebel Wasser gewinnen wollen. Die wissenschaftliche Zeitschrift *La Recherche* veröffentlichte im Jahr 1992 einen Artikel über diesen Baum[6], und Entwicklungsingenieure haben sich mehr und mehr für die Möglichkeiten interessiert, die dieses natürliche Auffangsystem

6. Alain Gioda, »L'arbre fontaine«, *La Recherche*, Dezember 1992.

von Nebelkondenswasser bietet. In den ersten Jahren des 21. Jahrhunderts installierte man in Chile Konstruktionen aus Stahl und gespannten Netzen, um Nebelwasser aufzufangen. Seit einigen Jahren nutzt man nun auch auf den Kanaren solch künstliche Fallen für Nebel. Sie bestehen aus Plastik- oder Metallnetzen, auf denen sich die Nebeltropfen sammeln und als Wasser in Regenrinnen abtransportiert werden. Dieses versorgt die kleinen Dörfer von El Hierro und auch den nördlichen Teil der Nachbarinsel Teneriffa. Auf den Kanarischen Inseln liegt die durchschnittliche Wassergewinnung bei etwa 30 Liter pro Tag und pro Quadratmeter Auffangnetz. Der ursprüngliche *garoé* ziert in geschnitzter Form auch heute noch antike Küchenschränke auf El Hierro.

»Über diesem Baum hängt stets eine kleine Wolke. Der *garoé* lässt Wassertropfen herabregnen, die von Menschen zu einem einfachen Brunnen geleitet werden, sodass Mensch und Tier während extremer Trockenzeiten überleben können.«

Bartolomé de Las Casas, *Historia de las Indias*, 1559

EIN KLONWALD

Cyathea manniana Hook.
CYATHEACEAE

—

BAUMFARNE GEHÖREN zu den schönsten Pflanzen Afrikas; man findet sie in Gebirgsregionen in geringer Höhenlage, auf etwa 1000 Höhenmetern. Betrachtet man sie von Weitem, diese herrlichen, palmenartigen Cyathea, meint man, einen ganzen Wald dieser Exemplare vor sich zu haben. Doch der Stamm bleibt unsichtbar unter einem dichten Mantel von fein verflochtenem, fast verfilztem Wurzelwerk. Schneidet man am Fuß des Baumes durch dieses Geflecht, kommt der Stamm zum Vorschein, der durch seinen großen Durchmesser erkennbar ist. Drumherum befinden sich, kleiner und unter den Wurzeln begraben, Ausläufer (Stolonen). Bei näherer Betrachtung wird offensichtlich, dass der wirklich gesamte Wald aus Klonen besteht.

Die Stämme der Baumfarne sind durch Ausläufer miteinander verbunden, das sind kleine Stängel mit weniger Blättern. Sie sind für die vegetative Vermehrung der Pflanze zuständig. Die unter dem Wurzelwerk versteckten Ausläufer dienen aber auch der Stabilisation. Jeder von ihnen entwächst aus dem Stamm Richtung Boden. Wenn er unten angekommen ist, legt er unterirdisch vier bis fünf Meter zurück und richtet sich dann wieder auf. So entwächst er wieder dem Boden, diesmal als Stamm eines neuen Baumfarns.

Baumfarne können sich auch per Spore fortpflanzen. Die Verbreitung der mikroskopisch kleinen Sporen über größere Distanzen hinweg erledigt der Wind. Bei dieser Vermehrungsart gelangt *Cyathea manniana* von Berg zu Berg, mithilfe der Ausläufer bilden die Baumfarne einen Wald. Diese Wälder gibt es in den tropischen Regionen dieses Planeten seit dem Karbon-Zeitalter, also seit 345 Millionen Jahren vor unserer Zeit. Damit sind sie älter als die Dinosaurier, die nur 48 Millionen Jahre auf dem Buckel haben! Diese riesigen Reptilien sind verschwunden, doch die Baumfarne bestehen weiter und kleiden sich immer noch wie Palmen. Botanische Regenwaldforschung ähnelt der Arbeit eines Archäologen, denn er betrachtet Pflanzen, die im Grunde lebende Fossilien sind. Das ist moderne Paläobotanik, die auch heutige Pflanzen betrifft, welche sich mitten in ihrer Evolution befinden.

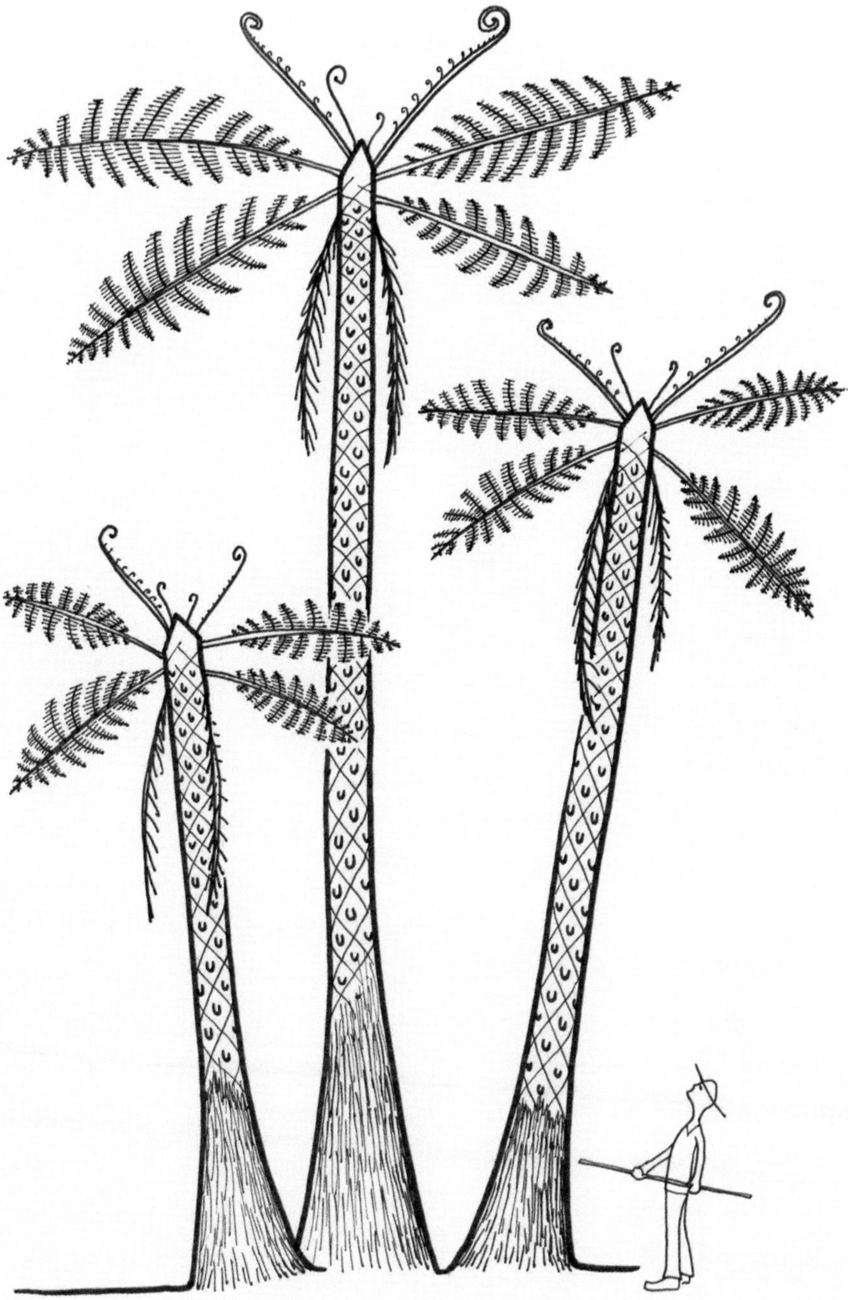

DIE PFLANZE MIT BLÄTTERBLÜTEN

Phyllobotryon spathulatum Müll. Arg.
ACHARIACEAE

MEIN VATER BEREISTE als Agrarwissenschaftler die ganze Welt. Meine sechs Brüder und ich sind mehr oder minder alle ebenfalls im Agrargebiet tätig. Ich bin der Jüngste und erlebte, wie meine älteren Geschwister mit wunderbaren Geschichten aus den Tropen zurückkehrten. Sie machten kurz Zwischenstopp in Paris und brachen sogleich wieder in weit entfernte Länder auf, die sie in ihren Bann schlugen. In meiner Familie gehören die Tropen zur Tradition. Als Botaniker muss man dorthin, wo es die meisten Pflanzen gibt! Im Tropengürtel wachsen die ausgefallensten und majestätischsten Pflanzen. Im Regenwald begünstigt ein gleichbleibendes Klima das Wachstum der Bäume. So entsteht eine größere Artenvielfalt: Es gibt Tausende von Baumarten, während man in Europa nur etwa 100 zählt. Im Regenwald sind die Pflanzen schöner, größer, unglaublicher als anderenorts. Darüber hinaus bleiben viele unbekannt. Europäische Pflanzen sind mehrfach erforscht, wohingegen sich in den Wäldern in Äquatornähe zahlreiche Pflanzen finden, die weder klassifiziert noch jemals eingesammelt wurden.

Phyllobotryon ist ein Beispiel dafür, welche Geheimnisse in den Tropen verborgen liegen. Zum ersten Mal fand ich sie in Kamerun, im Wald von Campo. Sie gehört zur Familie der *Achariaceae* (Malpighienartigen), die sich ungewöhnliche Heimatplätze aussucht. Manchmal wachsen ihre Blüten direkt aus der Erde (siehe Seite 42), doch sie können auch auf den Blättern wachsen, auf der mittleren Blattader.

Üblicherweise sind Blüten und Blätter voneinander getrennte Organe. So trifft man auch unsere europäischen Pflanzen an. Doch wir befinden uns hier vor einer tropischen Pflanze. Es gibt nur zwei oder drei Pflanzen weltweit, die ihre Blüten auf den Blättern tragen, doch *Phyllobotryon* ist die schönste.

An diesem Punkt erkennen wir, dass die Blüte, wie wir Europäer sie kennen, nur eine Möglichkeit von vielen ist, die von der Natur aus zahlreichen Lösungsansätzen gewählt wurde. Um alle Optionen zu erkennen, muss man sich in den Regenwald begeben.

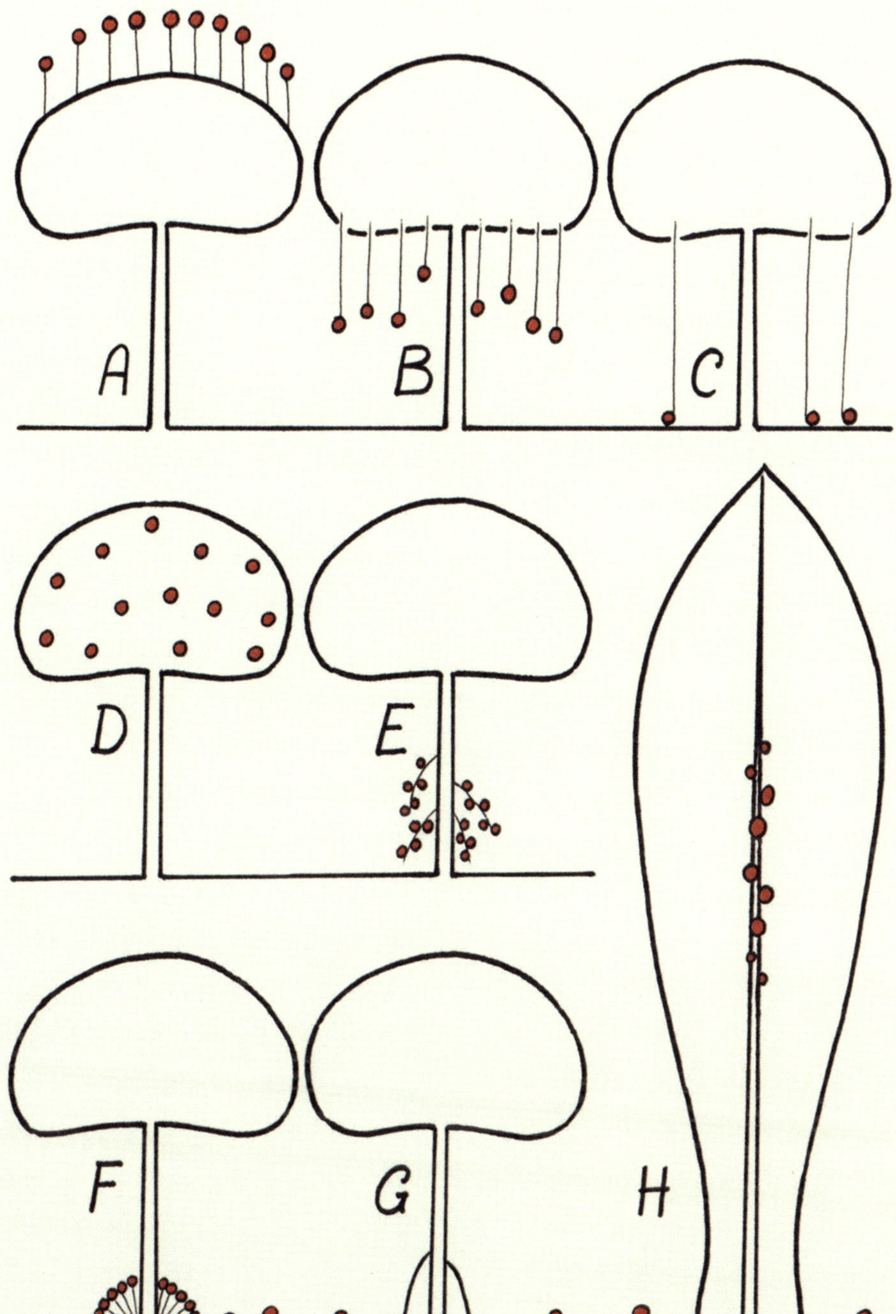
A
B
C
D
E
F
G
H

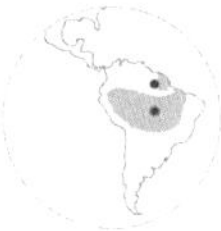

EINE RIESENSEEROSE ALS ARCHITEKTENMUSE

Victoria amazonica (Poepp) J. C. Sowerby
NYMPHAEACEAE
Amazonas-Riesenseerose

VON DIESER WUNDERSCHÖNEN Seerose sieht man nur die Blätter auf der Wasseroberfläche. Sie sind rund, riesig und können zwei Meter im Durchmesser erreichen. Rundherum besitzen sie einen Rand und sehen aus wie riesige Tarteformen mit zwei kleinen Schlitzen, durch die Regenwasser ablaufen kann.

Die *Victoria* inspirierte den britischen Botaniker und Architekten Joseph Paxton später zu seinem Entwurf des Crystal Palace. Diese kuriose Geschichte erzähle ich gern und immer wieder. Joseph Paxton war ein außerordentlich begabter Gärtner. Sein gesamtes Lebenswerk ist eng mit dieser Pflanze verwoben. Im Jahr 1801 in Bolivien entdeckt, gelangten einige ihrer Samen 1849 nach Großbritannien, und im botanischen Garten von Kew versuchte man die *Victoria* zu kultivieren. Doch dieser Versuch blieb erfolglos. Joseph Paxton, der für seinen grünen Daumen bekannt war, wurde zu Hilfe gerufen und versuchte, die letzten verbliebenen Samen zum Keimen zu bringen. Er schaffte es, die Pflanze zu akklimatisieren und sie zum Blühen zu bringen, was man in London als historisches Ereignis feierte und was ihm eine Adelung von Königin Victoria einbrachte.

Paxton hatte entdeckt, dass die Blätter das Gewicht eines Kindes tragen konnten; in *The Illustrated London News* wurde eine Radierung veröffentlicht, die seine Tochter Annie im Feenkostüm auf einem Blatt der *Victoria* sitzend zeigt. Das Blatt wird durch die Blattadern auf der Unterseite gestärkt. Sie sind wie ein Strebewerk einer gotischen Kathedrale angeordnet. Feste und strahlenförmige Blattadern, die mit robusten Stacheln besetzt sind,

Paxton hatte entdeckt, dass die Blätter das Gewicht eines Kindes tragen konnten; in The Illustrated London News *wurde eine Radierung veröffentlicht, die seine Tochter Annie im Feenkostüm auf einem Blatt der* Victoria *sitzend zeigt.*

werden durch mehrere konzentrische Adern verstärkt. Die Unterseite eines solchen Blattes erstrahlt in einem herrlichen Purpurrot. Paxton, der durch seine Errungenschaften als Gärtner berühmt geworden war, wurde zum Architekten befördert und mit dem Bau des Crystal Palace anlässlich der Weltausstellung beauftragt. Er ließ sich von der Blattarchitektur der *Victoria* inspirieren und errichtete einen herrlichen Palast aus Eisen und Glas, der 1851 in London eingeweiht wurde.

Victoria amazonica birgt aber noch weitere Überraschungen. Ihre riesigen Blüten, die bis zu 30 Zentimeter Durchmesser erreichen, erblühen einen Tag und zwei Nächte lang. Am ersten Tag der Blüte, in der Abenddämmerung, erscheint ein großer, mit Stacheln bedeckter Knopf, woraus eine weiße Blüte erwächst. Sie besteht aus etwa 100 abgerundeten Blütenblättern und verströmt einen charakteristischen Geruch, der an Ananas erinnert. An diesem ersten Abend ist die Blüte seltsamerweise heiß. Eine thermochemische Reaktion erhitzt das Blüteninnere auf elf Grad Celsius über Außentemperatur. Duft und Wärme gemeinsam locken Käfer an, die sich in der Morgendämmerung, wenn die Blüte sich wieder verschließt, in einer Falle wiederfinden. Sie werden den Tag im Inneren der Blüte verbringen müssen und ernähren sich von stärkereichen Pflanzenteilen. In der zweiten Nacht färbt sich die Blüte erst rosa, dann rot. Die am Vorabend eingeschlossenen Insekten werden mit dem Sonnenuntergang freigelassen. Eingedeckt mit Pollen ziehen sie zur nächsten Blüte und bestäuben diese. Zur Morgendämmerung des zweiten Tages welkt die Seerose und schließt sich wieder. Sie taucht ins Wasser ein und lässt im Verborgenen, unter dem Wasserspiegel ihre Frucht reifen.

Diese außergewöhnliche Art ist Symbol des Amazonasgebietes. Sie verharrt jedoch auch in einem Zustand der Unkenntnis unsererseits. Wir wissen noch nicht einmal, ob es sich um terminale oder laterale Blüten handelt, und ihr Aufbau selbst ist vollständig unerforscht. Das kann nur ein mutiger und erfahrener Taucher leisten.

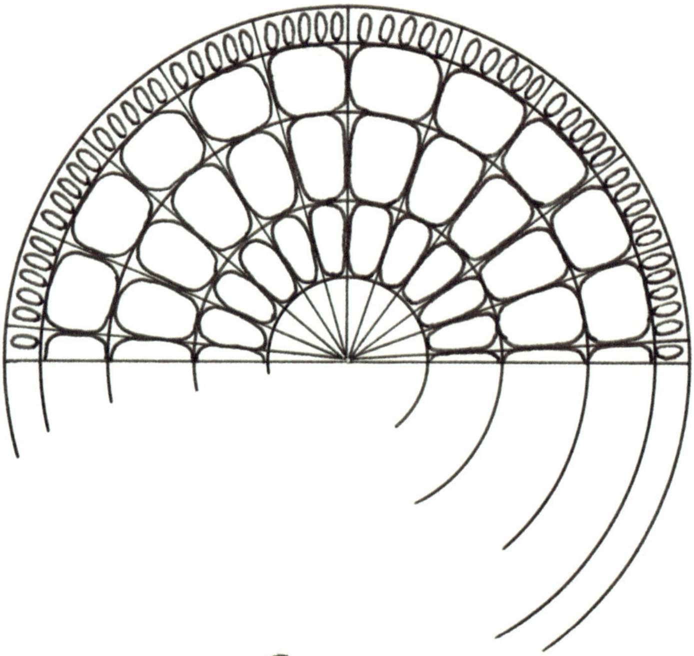

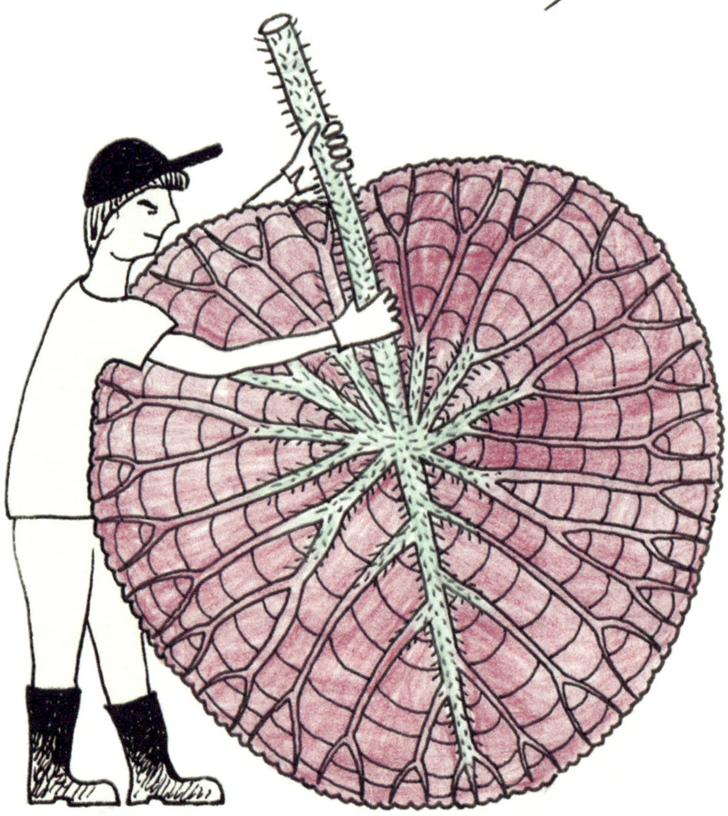

DIE WÜRGEFEIGE

Ficus benghalensis L.
MORACEAE
Banyan-Feige

IN DEN REGENWÄLDERN der Welt wachsen 850 Feigenarten; sie alle tragen Feigen, die jedoch selten genießbar sind. In Europa kennen wir die Echte Feige, *Ficus carica*, deren Feigen die schmackhaftesten sind. Die Feige ist keine Frucht. Um das zu erkennen, muss man sie nur aufschneiden, dann sieht man im Inneren die winzigen Blüten. Eine Eigenschaft des Baums ist sein weißer Milchsaft, der bei Verletzung austritt. Das ist allen Maulbeergewächsen (*Moraceae*) gemein.

Die in den Tropen wachsenden Feigenbäume nehmen unterschiedliche Formen an: Sträucher, Schlingpflanzen, es sind große Bäume im Wald oder sie wachsen als Aufsitzerpflanzen (Epiphyten) auf anderen Bäumen. Letzteres tut auch *Ficus benghalensis*, deren Feigen Vögel und Affen anlocken, die ihre Samen schlucken und dann ausscheiden.

Fällt ein Samenkorn einer Würgefeige auf den Boden des halbschattigen Unterholzes, kann daraus kein Baum erwachsen. Doch wenn das Korn auf eine Baumkrone fällt, mitten im Sonnenlicht, keimt es und produziert einen kleinen Feigenbaum, der schnell wächst. In einer Feige befinden sich so viele Samen, dass sich rein statistisch einige davon auf dem Blätterdach der Baumriesen wiederfinden. Der junge Feigenbaum schickt seine Wurzeln gen Boden entlang des Stammes seines Trägerbaums. Sie wickeln sich in umgekehrter Uhrzeigerrichtung um ihn herum. Wenn Wurzeln aufeinandertreffen, verhaken sie sich fest. Innerhalb einiger Monate werden sie so kräftig, dass sie den Baum im Würgegriff haben. Der Stamm kann nicht mehr weiterwachsen und wird schließlich im Laufe einiger Jahre absterben. Wenn es sich jedoch um eine Palme handelt, geht die Geschichte anders aus. Denn deren Stamm wächst nicht in die Breite, sondern gibt sich mit Wachstum in die Höhe zufrieden. Sie kann folglich in bestem Einvernehmen mit der Würgefeige leben.

Üblicherweise stirbt der Trägerbaum jedoch ab. In der feuchten Hitze zersetzt er sich schnell und bildet so einen Nährboden, von dem die Feige profitieren wird, die ihn erwürgt hat. Der Feigenbaum selbst wird riesig, viel größer als der Baum, der sie einst trug.

Sie hat ihr Opfer zerstört, dem Sieger bleibt nur ein riesiger Hohlraum im Inneren des enormen Stammes zurück.

Im botanischen Garten von Kalkutta rühmte man sich einer 200 Jahre alten Würgefeige. Sie war 1,6 Hektar groß, ihr Umfang betrug 412 Meter und sie wog 1760 Tonnen!

Auch andere *Ficus*-Arten können Bäume töten, sie gehen dabei jedoch unauffälliger vor. Etwa *Ficus religiosa*, der Buddhabaum. Seine Wurzeln suchen sich einen Weg in das Stammesinnere des Trägerbaums und wachsen gen Boden. Wenn sie größer werden, sprengen sie wie die Axt eines Waldarbeiters den Stamm des Trägerbaumes auf, der abstirbt. Und sogar ein gewöhnlicher *Ficus carica*, wie wir ihn in unseren Gärten beherbergen, kann ein ganzes Gebäude zerstören. Der Baum entsendet seine feinen Wurzeln, die leicht zwischen die Steine dringen können. Werden sie größer, reißen sie das Mauerwerk auf.

Ich sehe Feigenbäume als zukunftsweisend für die Flora. In der Erdgeschichte kennen wir aufeinanderfolgende Pflanzenreiche: zunächst die Ära der Farne, dann der Nadelbäume. Aktuell leben wir in der Ära der Blütenpflanzen. Wir wissen, dass es eine Pflanzengruppe geben wird, die deren Nachfolge übernimmt. Das könnten die *Fici* sein. Diese einzeln stehenden Bäume produzieren »Früchte«, ohne jemals sichtbare Blüten hervorzubringen.

Wie ich zu dieser Hypothese komme? Man beobachtet eine immer enger werdende Koevolution von Blütenpflanzen und ihren Insektenbestäubern. Für alle *Ficus*-Arten gibt es nur eine spezielle Insektenart, die deren Blüten bestäuben kann. Es handelt sich um eine winzige Wespe, die durch ein winziges Loch in die Feige gelangt. Schließlich krabbelt sie wieder heraus, um den Pollen in einer anderen Feige abzuliefern. Die Wilde Feige trägt im Winter ungenießbare Feigen, nur, um darin die kleinen Bestäuberwespen zu beherbergen. Die gesamte Geschichte von Blüten stützt sich auf die immer enger werdenden Bünde zwischen Pflanzen und Bestäubern. Feigenbäume scheinen in dieser Hinsicht die Führungsposition in der Evolution übernommen zu haben.

GLOSSAR

AUSLÄUFER · Sprossachse mit häufig weniger Blättern, die horizontal am Boden entlang wächst. Sie dient der vegetativen Vermehrung. Landläufige Beispiele sind Erdbeere, Kartoffel, Fingerkräuter.

BAUMARCHITEKTUR · Die Bauweise eines Baumes ist nicht willkürlich. Es gibt 24 Modelle, denen alle Bäume untergeordnet sind. Diese Entwicklungsschemen definieren sich wie folgt: vertikale oder horizontale Wuchsrichtung der Zweige, Wachstumsart der Stiele, Anordnung der Blütenstände. Diese Strukturen bilden für jede Art eine Konstante, egal, in welcher Umgebung der Baum wächst.

BESTÄUBUNG · Transportvorgang, wobei pflanzliche Samen (Blütenstaub) vom männlichen Organ des Produzenten zum weiblichen Geschlechtsorgan der Pflanzen gelangen. Dieser Prozess wird im Allgemeinen von Vermittlern wie Bestäuberinsekten, dem Wind oder dem Wasser durchgeführt.

EINHEITLICH · Ein einheitlich wachsender Baum besitzt, im wahren Wortsinne, nur eine Konstruktionseinheit, die er zur Ausbildung von weiteren Zweigen verwendet. Und das bleibt für sein gesamtes Leben gleich, wie etwa bei der Araukarie (siehe Seite 100).

EPIPHYT · Aufsitzerpflanze. Sie entwickelt sich auf anderen Pflanzen, die ihr allein als tragender Untergrund dienen. Ein Epiphyt ist kein Parasit, denn er ernährt sich von dem Licht, der Luft und dem Regenwasser sowie von Resten, die sich in seiner Umgebung angesammelt haben. Trotzdem kann er einer Trägerpflanze Schaden zufügen, etwa, wenn er zu schwer wird und die Trägerpflanze zum Einsturz bringt.

FAMILIE · Klassifikationseinheit, die in der Hierarchie über der Art und der Gattung steht. Eine Familie fasst Gattungen zusammen, die sich nahestehen. Die lateinischen Bezeichnungen von Pflanzenfamilien enden meist auf *-aceae*.

KLON · Ansammlung von Zellen, die aus nur einer Mutterzelle stammen; auch eine Sammlung von Pflanzen, die sich asexuell vermehrt haben.

KOEVOLUTION · Evolutionäre Anpassung zwischen zwei oder mehreren Arten, wobei diese sich gegenseitig beeinflussen (Symbiose, Räuber – Beute, Wirt – Parasit).

KRONENDACH · Ebene aus pflanzlichen Bestandteilen, genauer gebildet aus den höchsten Ästen und Blättern der Waldbäume. Im Regenwald beherbergt das Kronendach zahlreiche Pflanzen- und Tierarten, die im direkten Sonnenlicht und losgelöst vom Erdboden leben.

LIANE · Eine Kletterpflanze, die eine lange weiche Sprossachse ausbildet, die sich eine Unterstützung zum weiteren Wachsen sucht. Die Liane kann sich entweder im oder gegen den Uhrzeigersinn um einen Träger winden oder sich auch per ausgebildeten Wurzeln, Haken oder Nadeln an etwas festklammern.

PHOTOSYNTHESE · Durch diesen Prozess wandelt Chlorophyll mithilfe von Sonnenlicht mineralische Substanzen (Kohlenstoffdioxid aus der Luft, Mineralien aus dem Erdboden und aus dem Wasser) zu Glukose um und setzt dabei Sauerstoff frei.

POLLEN · Das Pollenkorn enthält den Gameten (Keimzelle), aus dem männliche Keime entstehen können.

REITERATION · Begriff aus der Baumarchitektur. Durch reiterative, also wiederholte Muster, bilden Bäume ihre Strukturen aus. Diese können sich voneinander unterscheiden oder komplett einheitlich bleiben, wie bei der Araukarie (siehe auch »Einheitlich«).

SAMEN · Im Fruchtknoten der Blüte liegen die Samenanlagen einer Pflanze für die sexuelle Vermehrung. Werden die dortigen Eizellen durch Pollen befruchtet, entstehen Samen. Sie bestehen aus einer Schutzhülle, einem Nährgewebe sowie dem befruchteten pflanzlichen

Embryo. Man unterscheidet Nacktsamer (*Gymnospermae*), darunter Palmfarne und Nadelholzgewächse, und Bedecktsamer (*Angiospermae*), bei denen die Samen von einer Fruchtwand umschlossen sind. Letztere bilden die größte Klasse der Samenpflanzen.

SPATHA · Hochblatt eines Blütenstandes, auch Blütenscheide genannt. Es sieht aus wie ein Blütenblatt, es handelt sich aber um eine große Braktee (Tragblatt), die mit einem Einschnitt versehen ist. Einige Blumen, wie die Schwertlilie, oder Blütenstände, wie beim Knoblauch oder beim Aronstab, entwickeln ein solches Hochblatt.

SPROSSACHSE · Verbindet Wurzeln und Blätter miteinander, gilt als eines der drei Grundorgane der Pflanze. Je nach Ausprägung kann die Sprossachse ein Schaft, Halm, Stängel, Stiel oder Stamm sein.

STAMM · Hauptsprossachse eines Baumes oder eines Strauches oberhalb des Wurzelsystems, welche das gesamte Blätterwerk trägt.

SYMBIOSE · Eine feste und nutzbringende Vereinigung von zwei Partnern, etwa von Pflanzen und Bakterien, Pilzen und Algen, Pflanzen und Ameisen, Pflanzen und Pilzen.

VERMEHRUNG · Pflanzen können sich sexuell (durch Bestäubung und Samen) oder gegebenenfalls asexuell vermehren (vegetativ durch Ausbildung von Klonen, das Erbgut ändert sich dementsprechend nicht).

WURZEL · Beginnt unterhalb der Sprossachse und gehört gemeinsam mit dem Blatt zu einem der drei Grundorgane einer Pflanze. Wurzeln dienen sowohl der Stabilität durch Verankerung als auch dem Transport von Wasser und Mineralien. Üblicherweise befinden sich Wurzeln unter der Erde. Sie unterscheiden sich von anderen Pflanzenteilen durch den Mangel an Chlorophyll und Knospen.

PFLANZENREGISTER

IN DERSELBEN REIHE ERSCHIENEN

Atlas der verlorenen Städte, Aude de Tocqueville, illustriert von Karin Doering-Froger, aus dem Französischen von Regine Schmidt und Sabine Grebing, 2015

Atlas der unheimlichen Orte, Olivier Le Carrer, aus dem Französischen von Regine Schmidt und Sabine Grebing, 2016

Atlas der sagenhaften Orte, Dominique Lanni, illustriert von Karin Doering-Froger, aus dem Französischen von Regine Schmidt und Sabine Grebing, 2017

Atlas der verlorenen Paradiese, Gilles Lapouge, illustriert von Karin Doering-Froger, aus dem Französichen von Sabine Tessloff, 2018

Atlas der außerirdischen Begegnungen, Bruno Fuligni, illustriert von Francois Moreno, aus dem Französischen von Gabi Krause, 2018